U0382446

江苏高校"青蓝工程"优秀青年骨干教师项目资助

中国畜牧业
环境污染防治问题研究

孟祥海 著

Research on the Prevention and
Control of Environmental Pollution in
China's Animal Husbandry

中国社会科学出版社

图书在版编目（CIP）数据

中国畜牧业环境污染防治问题研究／孟祥海著.—北京：中国社会科学
出版社，2021.4
ISBN 978 - 7 - 5203 - 7719 - 5

Ⅰ.①中…　Ⅱ.①孟…　Ⅲ.①畜牧业—污染防治—研究—中国
Ⅳ.①X713

中国版本图书馆 CIP 数据核字（2020）第 271758 号

出 版 人　赵剑英
责任编辑　刘　艳
责任校对　陈　晨
责任印制　戴　宽

出　　　版　中国社会科学出版社
社　　　址　北京鼓楼西大街甲 158 号
邮　　　编　100720
网　　　址　http://www.csspw.cn
发 行 部　010 - 84083685
门 市 部　010 - 84029450
经　　　销　新华书店及其他书店

印刷装订　北京明恒达印务有限公司
版　　　次　2021 年 4 月第 1 版
印　　　次　2021 年 4 月第 1 次印刷

开　　　本　710×1000　1/16
印　　　张　13.5
插　　　页　2
字　　　数　183 千字
定　　　价　78.00 元

前　言

　　改革开放以来，我国畜牧业取得了显著的发展成就，畜产品总产量和人均产量均大幅增加，畜牧业产值在农业总产值中的比重大幅提高。2010年我国生猪、蛋鸡和奶牛规模化养殖所占比例分别为64.5%、78.8%和46.5%，规模化水平不断提高。畜牧业饲养模式的转变直接导致了我国畜禽粪便排放密度增加、农牧脱节严重，对环境造成严重威胁。第一次全国污染源普查动态更新数据显示，2010年我国畜禽养殖业主要水污染物排放量中COD、NH_3-N排放量分别是当年工业源排放量的3.23倍、2.3倍，分别占全国污染物排放总量的45%、25%，畜牧业已成为我国环境污染的重要来源。同时，畜牧业还是重要的温室气体排放源，2006年联合国粮农组织发布的《畜牧业长长的阴影——环境问题与解决方案》指出，若将畜牧业饲料生产用地及养殖场土地占用引起的土地用途变化考虑在内，按CO_2当量计算，全球畜牧业温室气体排放占人类活动温室气体排放总量的18%，畜牧业已成为造成气候变化的重要威胁。

　　本书从宏观上把握我国畜牧业发展现状，科学量化我国畜牧业氮磷排放对水体、土壤造成的污染和畜牧业全生命周期温室气体排放状况，进一步把握我国畜牧业环境污染的时空特征，分析畜牧业环境污染与经济增长之间的长期关系；从微观上分析畜禽养殖场开展环境污染防治意愿的影响因素，并选择典型案例剖析养殖场开展污染防治的措施及效益。在此基础上，梳理和评述我国中央和地方现行的畜牧业环境污染防治政策，并借鉴欧美等发达国家的防治经验，提出适于我国畜牧业发展实际的环境污染防治策略，具有良好的理论和实践价值。

本书主要研究内容为：研究背景、研究目的与意义、国内外研究动态与述评、概念界定与理论基础（第一、二章），我国畜牧业发展与环境污染时空特征（第三章），我国畜牧业环境污染与经济增长关系分析（第四章），畜禽养殖场环境污染防治意愿分析：以武汉市为例（第五章），畜禽养殖场环境污染防治个案分析（第六章）和我国畜牧业环境污染防治策略（第七章）。主要研究结论如下：

（1）我国畜牧业在迅速发展的同时，环境污染问题显现。基于环境承载力和生命周期理论的实证分析表明，我国畜牧业环境污染形势严峻，畜牧业氮磷排放在造成水体和土壤环境的承载压力超标的同时，畜牧业温室气体排放总量也呈上升趋势，已成为新的环境污染问题。与改革开放初期相比，我国畜牧业综合生产能力显著增强，人均畜禽产品占有量大幅提高，畜禽产品结构逐步优化，形成了区域化的畜禽生产布局，畜禽养殖标准化、规模化水平提高，畜禽良种建设成效显著，已建立起完善的畜牧技术推广体系，畜禽养殖上下游产业链间进一步融合，涌现出广东温氏、中粮肉食、新希望、罗牛山、雏鹰农牧等一系列大型畜禽养殖企业集团，加速了我国畜牧业现代化进程。基于环境承载力理论的实证分析表明：考虑化肥使用和农作物需肥量等因素，1990—2011年22年间我国畜牧业对水体、土壤环境的污染压力总体上呈现出"逐年上升—平稳回落"的两阶段特征。水环境超载已成为各地区畜牧业发展面临的首要环境约束，土壤环境超载次之。2011年，除西藏外，我国大陆地区其他省份畜牧业氮磷排放均呈现环境承载超标；经济区划间对比表明：土壤环境承载压力指数从大到小依次为中部、东部、西部和东北地区，水体环境承载压力指数从大到小依次为东部、中部、东北和西部地区；畜牧业区划间对比表明：土壤环境承载压力指数从大到小依次为农区、牧区和农牧交错区，水体环境承载压力指数从大到小依次为农牧交错区、农区和牧区。基于生命周期评价方法的实证分析表明：1990—2011 年 22 年间我国畜牧业全生命周期及各个环节的 CO_2 当量排放量均呈现上升趋势，尤其是畜禽饲养耗能、饲料粮种植、饲料粮运输加工和畜禽屠宰加工环节的增长更为显著，但历年饲料粮运输加工和畜禽屠宰加工环节占畜牧业全生命周期 CO_2 当量排放总量的比重均低于 1% 和 0.05%；家畜胃肠道发酵和粪便管理系统环节占畜牧业全生命周期 CO_2 当量排放总量的比重呈下降趋势；22 年间，反刍家畜的 CO_2 当量排放量占 55.25%，非反刍畜禽占 44.75%。2011 年，我国大陆地区内蒙古、辽宁和云南的畜牧业全生命周期 CO_2 排放当量和排放强度均位居全国前 10 位；西部地区畜牧业全生命周期 CO_2 当量排放量所占比重最大，并且西部地区的排放强度最高；农区畜牧业全生命周期 CO_2 当量排放量占 63.88%，牧区占 14.07%，但牧区的排放强度最高，农区最低。

（2）运用 EKC 理论验证我国畜牧业环境污染与经济增长之间的关系发现：畜牧业对水体和土壤造成的环境污染与人均 GDP 之间符合倒"U"型曲线关系，且已跨过曲线"拐点"呈良性发展趋势；畜牧业温室气体排放强度呈线性下降趋势，与人均 GDP 之间不符合倒"U"型曲线关系。本书在系统阐述环境污染与经济增长理论关系的基础上，采用 1990—2011 年 22 年间反映我国畜牧业环境污染程度的 3 项指标：畜禽粪便排放引起的土壤氮素超载量、水环境承载压力指数和畜牧业温室气体排放强度，在时间序列平稳的前提下，分别对历年人均 GDP 进行回归分析，验证是否符合 EKC 曲线。研究表明：畜牧业氮磷排放对土壤和水体造成的环境污染与人均 GDP 之间符合倒"U"型曲线关系，且已跨过曲线"拐点"呈良性发展趋势；畜牧业全生命周期温室气体排放强度呈线性下降趋势，与人均 GDP 之间不符合倒"U"型曲线关系。总体而言，我国畜牧业环境污染随着经济增长已呈现出缓和的趋势。

（3）运用二元 Logistic 回归模型分析畜禽养殖场环境污染防治意愿的影响因素，研究表明：养殖场养殖规模、土地经营规模、畜禽污染防治经济成本和来自环保部门的监管压力对养殖场开展环境污染防治的概率具有显著的正向影响。武汉市畜牧业的发展在一定程度上是我国畜牧业发展的一个缩影，选择武汉市作为样本区域，具有一定的代表性。2000 年后，针对畜牧业发展引发的环境污染问题，武汉市政府先后出台了一系列污染防治政策。本书在梳理武汉市畜牧业发展与环境污染防治政策的基础上，选取武汉市年出栏 500 头以上的 103 家猪场为样本，运用二元 Logistic 回归模型对养殖场开展环境污染防治的意愿进行实证分析，研究表明：养殖场养殖规模、土地经营规模、畜禽污染治理经济成本和来自环保部门的监管压力对规模化养殖场开展畜禽污染治理的概率具有显著的正向影响。养殖场决策者年龄、文化程度、养殖年限、近 3 年效益情况、融资渠道是否畅通、对畜禽污染程度的认知、是否认为畜禽养殖会加剧全球气候变暖、是否因养殖场环保问题影响到与周边村民、村委会或政府的关系对养殖场开展环境污染防治不具有显著影响。

（4）采用案例分析方法，研究武汉银河猪场开展环境污染防治的效益，研究表明：武汉银河猪场通过建设大型沼气治污工程、实施土地流转与整理开发、严格规范生猪饲养管理、开展粪污资源化利用和农牧一体化经营，较好地解决了猪场环境污染问题，并构建起种养结合循环农业系统，实现了良好的经济效益，与单纯的生猪养殖相比，该循环农业系统在资源减量化程度、环境承载压力状况、生产效率和经济效益方面均占优势。

（5）提出我国畜牧业环境污染防治策略。结合前文研究结果，梳理和评述我国现行的畜牧业环境污染防治政策，借鉴欧美等发达国家的污染防治经验，充分考虑我国畜牧业在国民经济中的地位和行业特点，统筹兼顾畜牧业发展和环境污染防治两大目标，提出强化畜牧业环境污染防治体系建设，加大政策扶持力度、健全激励机制，完善污染防治技术标准和规范，加强污染防治技术研发、示范和推广，推动污染防治宣传教育和大力推动畜牧业温室气体减排等污染防治策略。

本书可能有以下 3 点创新：（1）研究选题具有新颖性。现有研究多集中于对畜牧业氮磷污染领域的分析，本书将畜牧业氮磷排放和温室气体排放一并纳入畜牧业环境污染的分析框架，运用环境承载理论和生命周期分析方法定量测度我国畜牧业环境污染时空特征，并进一步把握我国畜牧业环境污染与经济增长之间的长期关系，拓展了既定的研究内容，丰富了现有的研究体系，研究选题具有一定新颖性。（2）研究方法的应用有所创新。在现有的研究中，大多集中于畜牧业氮磷污染所形成的对土壤或水体单个领域污染的风险分析，本书则基于环境承载理论，综合考虑化肥使用、农作物吸收、牧区粪便燃烧等因素，科学测算了我国畜牧业对土壤、水体环境的污染程度及时空特征；与此同时，在对畜牧业温室气体排放研究方面，目前的研究大多侧重于对畜禽饲养和粪便管理系统等直接排放的温室气体的分析，而本书则运用生命周期理论，依据家畜胃肠道发酵、粪便管理系统、畜禽饲养环节耗能、饲料粮种植、饲料粮运输加工和畜禽产品屠宰加工六大环节的调查数据，从全生命周期的角度测算了我国畜牧业温室气体的排放量及排放特征，在研究方法上具有一定的创新性。（3）研究内容具有一定创新性，获得了一些有价值的结论。在宏观研究层面，基于环境承载力和生命周期理论方法测算我国畜牧业环境污染时空特征，并运用 EKC 理论验证我国畜牧业环境污染与经济增长之间的长期关系；在微观研究层面，选择典型区域开展问卷调查，分析畜禽养殖场污染防治意愿的影响因素，并采用典型案例剖析养殖场开展污染防治的措施及效益；在污染防治策略的提出层面，梳理我国现行的畜牧业环境污染防治政策，借鉴国际畜牧业环境污染防治经验，统筹兼顾畜牧业发展和环境污染防治两大目标，提出适合于我国国情的畜牧业环境污染防治策略，具有一定创新性。

目　　录

图表目录

第一章

导　　论

第一节　研究背景、目的与意义

一　研究背景

改革开放以来，我国畜牧业实现了快速发展，畜禽产品总产量和人均产量均大幅增加，畜牧业产值在我国农业总产值中的比重大幅提高。根据国家统计局发布的数据，2010 年我国肉类总产量 7779.25 万 t、牛奶总产量 3575.62 万 t、禽蛋总产量 2762.74 万 t，分别是 1980 年的6.58 倍、31.34 倍、10.77 倍；人均肉类总产量 59.11kg、牛奶26.67kg、禽蛋 20.6kg，分别是 1980 年人均总产量的 4.84 倍、23.07倍、7.93 倍。按当年价格计算，1980 年我国畜牧业总产值 354.23 亿元，占当年全国农林牧渔业总产值的 18.4%，2010 年我国畜牧业总产值 20825.7 亿元，占当年全国农林牧渔业总产值比重达到 30%。自1991 年至今，我国肉类产量和禽蛋总产量稳居世界第一，2010 年我国肉类总产量占世界肉类总产量的 28%，其中：猪肉产量占 48%，牛肉产量占 10%，羊肉产量占 30%。2010 年，我国生猪、蛋鸡和奶牛规模养殖比例分别为 64.5%、78.8% 和 46.5%（中国畜牧业年鉴编辑委员会，2011）①，畜牧业正由传统的农户散养向集约化饲养转变，即由过去的分散经营、饲养量小且主要分布在农区转变为集中经营、饲养量大且分布在城市郊区或新城区（李庆康等，2000）②，并涌现出温氏、罗牛山、新希望、中粮肉食、雨润、双汇、六和、雏鹰农牧、河南牧源、新五丰等一大批大型畜牧集团公司，推动了我国畜牧业现代化进程。但规模化畜禽饲养模式直接导致了我国畜禽粪便排放密度增加、农牧脱节严重，进而对环境造成严重威胁（王凯荣，1999）③。

为摸清我国畜牧业环境污染状况，原国家环保总局对我国畜禽养殖较为集中的 23 个省（市、自治区）32564 个规模化养殖场的调查表明：1999 年，我国畜禽粪便排放估算总量为 19 亿 t，是当年全国工业固体废弃物排放总量的 2.4 倍，畜禽养殖业水污染物 COD 排放总量为797.31 万 t，分别超过了当年全国工业废水的 COD 排放总量（691.74万 t）和生活污水排放总量（697 万 t）；规模化畜禽养殖场种养分离严重，畜禽污染防治水平低下，通过环境影响评价的规模化养殖场仅占10%，投资开展粪污治理的养殖场仅占 20%，对畜禽粪便采取干湿分离的养殖场仅占 40%，仅有少量的养殖场配套有足够的土地用于消纳畜禽粪便，环境污染形势十分严峻（国家环境保护总局自然生态司，2002）④。2010 年，环境保护部、国家统计局和农业部共同发布的《第一次全国污染源普查公报》显示：2007 年度，我国农业源普查对象为2899638 个，其中畜禽养殖业 1963624 个，畜禽养殖业粪便排放量 2.43亿 t，尿液 1.63 亿 t，COD 1268.26 万 t、总氮 102.48 万 t、总磷 16.04

---

① 中国畜牧业年鉴编辑委员会：《中国畜牧业年鉴》，中国农业出版社 2011 年版。

② 李庆康、吴雷、刘海琴、蒋永忠、潘玉梅：《我国集约化畜禽养殖场粪便处理利用现状及展望》，《农业环境保护》2000 年第 4 期。

③ 王凯荣：《农业现代化进程中的环境问题及其对策》，《农业现代化研究》1999 年第5 期。

④ 国家环境保护总局自然生态司：《全国规模化畜禽养殖业污染情况调查及防治对策》，中国环境科学出版社 2002 年版。

万 t、Cu 2397.23t 和 Zn 4756.94t，分别占农业污染源排放总量的
95.78%、37.89%、56.34%、94.03% 和 97.83%。根据第一次全国污
染源普查动态更新数据显示，2010 年我国畜禽养殖业主要水污染物排
放量中 COD、NH_3 – N 排放量分别为当年工业源排放量的 3.23 倍、2.3
倍，分别占全国污染物排放总量的 45%、25%（环境保护部、农业部，
2013）[1]，畜牧业已成为我国环境污染的重要来源。同时，畜牧业还是
重要的温室气体排放源，反刍动物瘤胃发酵和畜禽粪便处理过程中产生
的 CH_4 及粪便还田利用过程中直接或间接的 N_2O 排放，已成为农业温室
气体排放的主要来源（Olesen J. E. et al.，2006）[2]。2006 年，联合国粮
农组织发布关于全球畜牧业环境污染形势的研究报告《畜牧业长长的阴
影——环境问题与解决方案》，该报告指出若将畜牧业饲料生产用地及
养殖场土地占用引起的土地用途变化考虑在内，全球畜牧业分别占人类
活动所排放 CO_2、N_2O、CH_4 和 NH_3 总量的 9%、65%、37% 和 64%，按
CO_2 当量计算，畜牧业温室气体排放量占人类活动温室气体排放总量的
18%，畜牧业已成为造成全球气候变化的重要威胁（FAO，2006）。根
据中国气候变化初始国家信息通报公布的数据显示，2004 年我国畜牧
业动物肠道发酵和动物粪便管理系统的 CH_4 排放分别占农业领域排放的
59.21% 和 5.04%，两者分别占我国当年 CH_4 排放总量的 29.70% 和
2.53%，畜牧业已成为我国农业领域最大的 CH_4 排放源（国家发展和改
革委员会，2005）[3]，推动畜牧业温室气体减排已成为我国政府履行
《联合国气候变化框架公约》、实现温室气体减排量化目标的重要组成
部分。

---

① 环境保护部、农业部：《全国畜禽养殖污染防治"十二五"规划》，2013。
② Olesen J. E., Schelde K., and Weiske A.，"Modelling Greenhouse Gas Emissions from European Conventional and Organic Dairy Farms"，*Agriculture*，*Ecosystems and Environment*，Vol. 112，No. 2，2006.
③ 国家发展和改革委员会：《中华人民共和国气候变化初始国家信息通报》，2005。

二　研究目的与意义

畜牧业是农业的重要组成部分，在我国国民经济中起着重要的基础性作用，畜牧业的快速发展对丰富我国"菜篮子"工程、改善城乡居民膳食结构和提高人们生活水平起到了不可替代的作用，有效地促进了我国农业结构调整和农民增收，并对保障农产品市场价格稳定起到了重要作用。加强和完善畜牧业环境污染防治，既是我国农业面源污染治理的主要领域，也是实现我国温室气体减排的重要途径，是保障我国畜牧业可持续发展的关键。2000 年后，畜牧业环境污染问题逐渐引起我国政府的重视，中央和地方陆续出台了一系列污染防治政策。2011 年国务院发布的《国民经济和社会发展第十二个五年规划纲要》指出要加强规模化畜禽养殖的污染防治，控制农业等领域温室气体排放，并将畜禽养殖业污染减排工作纳入国家"十二五"节能减排工作体系和环境保护部"十二五"环境统计范围。2014 年 1 月 1 日，国务院颁布实施的《畜禽规模养殖污染防治条例》（国务院令第 643 号），是我国第一部由国务院制定实施的农业农村环境保护行政法规，凸显了现阶段我国政府对畜牧业环境污染防治，尤其是对规模化畜禽养殖污染防治的高度重视。

本书从宏观上把握我国畜牧业发展现状，科学量化我国畜牧业氮磷排放对水体、土壤造成的污染和畜牧业全生命周期温室气体排放状况，进一步把握我国畜牧业环境污染的时空特征，并分析畜牧业环境污染与经济增长之间的长期关系；从微观上分析畜禽养殖场开展环境污染防治意愿的影响因素，并选择典型案例剖析养殖场开展污染防治的措施及效益。在此基础上，梳理和评述我国中央和地方现行的畜牧业环境污染防治政策，借鉴欧美等发达国家的防治经验，提出适于我国畜牧业发展的环境污染防治策略，具有良好的理论和实践价值。

第二节　国内外研究动态与述评

一　畜牧业对环境造成的污染

传统的农户散养模式养殖规模小，所产生的畜禽粪便可作为有机肥直接还田利用，能够实现种养结合，畜禽粪便利用效率高，不会对环境造成污染（刘忠、增院强，2010）[1]。伴随着我国城镇化进程加快与人们生活水平的提高，畜禽产品消费在城乡居民食品消费中的比例日益提高，直接促进了我国畜牧业的快速发展，畜牧业正在由传统的农户散养模式向高生产力的集约化、规模化养殖模式转变（侯勇等，2012）[2]。集约化畜禽养殖粪便产生量大，加之对环境影响较大的大中型养殖场80%分布在人口集中、水系发达的大城市周边和东部沿海地区，对环境造成严重威胁（孙铁珩、宋雪英，2008；周轶韬，2009）[3]。大量研究表明，畜牧业养殖模式的转变，导致畜禽粪便利用率下降，畜牧业对环境的污染日益加剧（李飞、董锁成，2011；王会、王奇，2011；仇焕广等，2012）[4]。

（一）畜牧业对水体的污染

畜牧业已成为我国水体污染的主要来源。畜禽粪便中含有大量的有

---

[1]　刘忠、增院强：《中国主要农区畜禽粪尿资源分布及其环境负荷》，《资源科学》2010年第5期。

[2]　侯勇、高志岭、马文奇，Lisa Heimann，Marco Roelcke，Rolf Nieder：《京郊典型集约化"农田－畜牧"生产系统氮素流动特征》，《生态学报》2012年第4期。

[3]　孙铁珩、宋雪英：《中国农业环境问题与对策》，《农业现代化研究》2008年第6期；周轶韬：《规模化养殖污染治理的思考》，《内蒙古农业大学学报》（社会科学版）2009年第1期。

[4]　李飞、董锁成：《西部地区畜禽养殖污染负荷与资源化路径研究》，《资源科学》2011年第11期；仇焕广、严健标、蔡亚庆、李瑾：《我国专业畜禽养殖的污染排放与治理对策分析——基于五省调查的实证研究》，《农业技术经济》2012年第5期。

机质、氮、磷、钾、硫及致病菌等污染物，排入水体后会使水体溶解氧
含量急剧下降、水生生物过度繁殖，从而导致水体富营养化（周轶韬，
2009）[1]，不恰当地还田施肥还会导致区域内地下水 NO_3-N 浓度增加
（Evans et al.，1984）[2]，试验表明，下渗进入地下水的硝酸盐量与粪便
排放量呈一种函数关系（Adams et al.，1994）[3]。Mallin（2003）估算
出美国北卡罗来纳州沿海平原的集约化养殖场粪便中氮和磷排放量分别
为 12.4 万 t 和 2.9 万 t，认为集约化养殖场是水生生态系统中氮和病原
微生物污染的主要污染源[4]。中国农业科学院土壤肥料研究所研究得
出：堆放或贮存畜禽粪便的场所中，即使只有 10% 的粪便流失进入水
体，对流域水体氮素富营养化的贡献率约为 10%，对磷素富营养化的
贡献率为 10%—20%；在太湖流域，畜牧业总磷和总氮排放量分别占
流域地区排放总量的 32% 和 23%，已成为该流域的主要污染源，是造
成水体富营养化的主要原因（张维理等，2004）[5]。从全国来看，各地
畜禽粪便进入水体的流失率在 2% 以上，而尿和污水等液体排泄物的流
失率则高达 50% 左右（中国环境年鉴编辑委员会，2003）[6]。据计算，
2002 年我国畜禽粪便的氮素养分总量约为 1598.8 万 t，22% 的氮素养分

① 周轶韬：《规模化养殖污染治理的思考》，《内蒙古农业大学学报》（社会科学版）2009 年第 1 期。

② Evans P. O.，Westerman P. W.，and Overcash M. R.，"Subsurface Drainage Water Quality from Land Application of Seine Lagoon Effluent"，*Transactions of the American Society of Agricultural and Biological Engineers*，Vol. 27，No. 2，1984.

③ Adams P. L.，Daniel T. C.，Edwards D. R.，et al.，"Poultry Litter and Manure Contributions to Nitrate Eaching through the Vadose Zone"，*Soil Sci. Soc. Sm. J*，Vol. 58，No. 4，1994.

④ Mallin M. A.，and Cahoon L. B.，"Industrialized Animal Reduction: A Major Source of Nutrient and Microbial Pollution to Aquatic Ecosystems"，*Population and Environment*，Vol. 24，No. 5，2003.

⑤ 张维理、武淑霞、冀宏杰，Kolbe H.：《中国农业面源污染形势估计及控制对策 I：21 世纪初期中国农业面源污染的形势估计》，《中国农业科学》2004 年第 7 期。

⑥ 中国环境年鉴编辑委员会：《中国环境年鉴》，中国环境年鉴出版社 2003 年版。

进入水体，对水体造成污染（刘晓利等，2005）①。洪华生等（2004）②选择福建省九龙江流域的 34 家生猪养殖系统进行氮、磷的养分平衡分析，结果表明：流域范围内大规模养殖场的氮、磷流失率低于中小型养殖场，养殖场粪肥管理是解决养分失衡问题的重要环节。马林等（2006）③估算了东北 3 省畜禽粪尿产生量及其氮、磷和 COD 含量，结果表明：2003 年辽宁、吉林、黑龙江 3 省禽粪尿排泄物中进入水体的 COD 含量分别占畜禽粪便、工业和生活排放 COD 总量的 52%、65% 和 40%。宋大平等（2012）④计算得出，安徽省 2008—2009 年畜牧业水环境等标污染负荷指数为 7.03，磷污染比例呈上升趋势。孟祥海等（2012）⑤采用面板数据分析得出，水体环境污染是我国畜牧业发展面临的首要环境约束。

（二）畜牧业对农田土壤的污染

畜牧业对农田土壤的污染主要表现为畜禽粪便还田不当导致的养分过剩和重金属等有害污染物累积。畜禽粪便中含有作物生长所需的氮、磷、钾和有机质等养分，传统散养方式下的畜禽粪便还田不仅能提高农作物产量，还能起到改良土壤和培肥地力的作用（Choudhary et al.，1996；索东让、王平，2002）⑥，但过量施用也会造成农作物减产与产

①　刘晓利、许俊香、王方浩、张福锁、马文奇：《我国畜禽粪便中氮素养分资源及其分布状况》，《河北农业大学学报》2005 年第 5 期。
②　洪华生、曾悦、张珞平、陈能汪、李永玉、郑或：《九龙江流域畜牧养殖系统的氮磷流失研究》，《厦门大学学报》（自然科学版）2004 年第 4 期。
③　马林、王方浩、马文奇、张福锁、范明生：《中国东北地区中长期畜禽粪尿资源与污染潜势估算》，《农业工程学报》2006 年第 8 期。
④　宋大平、庄大方、陈巍：《安徽省畜禽粪便污染耕地、水体现状及其风险评价》，《环境科学》2012 年第 1 期。
⑤　孟祥海、张俊飚、李鹏：《中国畜牧业资源环境承载压力时空特征分析》，《农业现代化研究》2012 年第 5 期。
⑥　Choudhary M.，Balley L. D.，and Grant C. A.，"Review of the Use of Swine Manure in Crop Production：Effects on Yield and Composition and on Soil and Water Quality"，*Waste Management & Research*，Vol. 14，No. 6，1996；索东让、王平：《河西走廊有机肥增产效应研究》，《土壤通报》2002 年第 5 期。

品质量下降（周轶韬，2009）[1]。研究表明，高氮施肥条件下（纯氮 138kg/hm²），作物体内积存大量氮素，导致其农艺性状变劣，水稻的空秕率增加6%，千粒重下降7.5%（朱兆良，2000）[2]。集约化养殖场畜禽粪便排放量大且集中，由于缺乏足够的耕地承载，导致农牧脱节、粪污密度增大，若持续运用过量养分，土壤的贮存能力会迅速减弱，过剩养分将通过径流和下渗等方式进入河流或湖泊，造成水环境污染（沈根祥等，1994；王凯军等，2004；彭里，2005）[3]。Daniel 等（1993）[4] 研究发现，由于长期施用猪粪和鸡粪，美国南部平原表层（0—50cm）土壤中的氮、磷含量分别增加了5倍和4倍；Hooda 等（2001）[5] 对加拿大和新西兰的集约化养殖研究发现，长期施用畜禽粪肥的土壤中氮积累明显。

朱兆良（2000）认为大面积施肥时施氮量应控制在 150—180kg/hm²，欧盟农业政策规定土壤粪肥年施氮量上限为170kg/hm²[6]；Oenema 等（2004）[7] 认为土壤粪肥年施磷量不能超过35kg/hm²，否则过量的磷会通过地表径流进入水体，引起水体富营养化；阎波杰等

① 周轶韬:《规模化养殖污染治理的思考》,《内蒙古农业大学学报》（社会科学版）2009 年第 1 期。

② 朱兆良:《农田中氮肥的损失与对策》,《土壤与环境》2000 年第 1 期。

③ 沈根祥、汪雅谷、袁大伟:《上海市郊农田畜禽粪便负荷量及其警报与分级》,《上海农业学报》1994 年增刊；彭里:《畜禽粪便环境污染的产生及危害》,《家畜生态学报》2005 年第 4 期。

④ Daniel T. C., Sharpley A. N., and Stewart S. J., et al., "Environmental Impact of Animal Manure Management in the Southern Plains", *American Society of Agricultural Engineers Meeting*, 1993.

⑤ Hooda P. S., Truesdale V. W., and Edwards A. C., et al., "Manuring and Fertilization Effects on Phosphorus Accumulation in Soils and Potential Environmental Implications", *Advances in Environmental Research*, Vol. 5, No. 1, 2001.

⑥ 朱兆良:《农田中氮肥的损失与对策》,《土壤与环境》2000 年第 1 期。

⑦ Oenema O., Van Liere E., and Plette S., et al., "Environmental Effects of Manure Policy Options in the Netherlands", *Water Science and Technology*, Vol. 49, No. 3, 2004.

（2010）① 以地块为单元对北京市大兴区畜禽粪便氮素负荷进行估算，研究表明，2005 年该地区农用地氮负荷平均值为 214.02kg/hm²，有近一半的农用地受到了不同程度的畜禽粪便氮污染威胁；王奇等（2011）② 对 2007 年我国畜禽粪便排放量进行估算，得出当年我国畜禽粪便中的总氮和总磷排放量分别为 1476 万 t 和 460 万 t，而当年我国耕地的氮素和磷素最大可承载量分别为 2069.50 万 t 和 426.07 万 t，已与耕地的承载力基本持平。景栋林等（2012）③ 根据 2009 年佛山市畜禽养殖数据估算畜禽粪便产生量及其主要养分含量，得出当年佛山市农田畜禽粪便负荷密度（以猪粪当量计）为 74.07t/hm²，氮、磷养分负荷密度分别为 436.83kg/hm² 和 186.55kg/hm²，已超出当地农田承载能力；侯勇等（2012）④ 对北京郊区某村大型集约化种猪场、种养结合小规模生态养殖园和集约化单一种植区这 3 种不同类型农牧生产系统的氮素流动特征进行分析，结果显示：这 3 种类型农牧生产系统的氮素利用效率分别为 18.8%、20.6% 和 17.3%，均处于较低水平，提出优化氮素管理、确定合理的消纳畜禽粪尿的农田面积和调整畜禽养殖密度是解决该问题的关键。

饲料添加剂和预混剂在畜禽养殖业中的广泛使用，导致畜禽粪便中重金属、兽药残留、盐分和有害菌等有害污染物增加，引起农田土壤的健康功能降低，生态环境风险增加，并对食品安全构成威胁（张树清

---

① 阎波杰、赵春江、潘瑜春、闫静杰、郭欣：《大兴区农用地畜禽粪便氮负荷估算及污染风险评价》，《环境科学》2010 年第 2 期。

② 王奇、陈海丹、王会：《基于土地氮磷承载力的区域畜禽养殖总量控制研究》，《中国农学通报》2011 年第 3 期。

③ 景栋林、陈希萍、于辉：《佛山市畜禽粪便排放量与农田负荷量分析》，《生态与农村环境学报》2012 年第 1 期。

④ 侯勇、高志岭、马文奇、Lisa Heimann, Marco Roelcke, Rolf Nieder：《京郊典型集约化"农田-畜牧"生产系统氮素流动特征》，《生态学报》2012 年第 4 期。

等，2005）[1]。李祖章等（2010）[2] 通过长期定位试验得出：稻田猪粪施用量为 20t · hm^{-2} · a^{-1} 时，土壤中重金属 Cu、Zn 和 As 均有一定积累，建议稻田猪粪施用量应控制在 15t · hm^{-2} · a^{-1} 以内。潘霞等（2012）[3] 认为农田土壤长期大量施用畜禽有机肥可引起重金属和抗生素的复合污染，存在潜在生态风险，猪粪、羊粪和鸡粪中最易造成土壤污染的是猪粪，猪粪中的 Cu、Zn 和 Cd 含量分别为 197.0mg · kg^{-1}、947.0mg · kg^{-1} 和 1.35mg · kg^{-1}，设施菜地表层土壤抗生素含量为 39.5μg · kg^{-1}，积累和残留明显高于林地和果园，特别是四环素类和氟喹诺酮类，含量分别为 34.3μg · kg^{-1} 和 4.75μg · kg^{-1}。

（三）畜牧业对空气环境的污染

畜牧业对空气环境的污染主要来自畜禽粪便的恶臭和畜禽养殖引起的温室气体排放两个方面。畜禽养殖场的恶臭主要来源于畜禽粪便排出体外后，腐败分解所产生的硫化氢、胺、硫醇、苯酚、挥发性有机酸、吲哚、粪臭素、乙醇、乙醛等上百种有毒有害物质（黄灿、李季，2004；周轶韬，2009）[4]。畜牧业温室气体排放主要包括畜禽饲养、粪便管理阶段和后续的加工、零售以及运输阶段直接或间接的 CO_2、CH_4 和 N_2O 排放，其中畜禽饲养与粪便管理阶段直接排放的温室气体占主导，畜牧业已成为我国农业领域最大的 CH_4 排放源（邹晓霞等，2011）[5]。

---

① 张树清、张夫道、刘秀梅、王玉军、邹绍文、何绪生：《规模化养殖畜禽粪主要有害成分测定分析研究》，《植物营养与肥料学报》2005 年第 6 期。

② 李祖章、谢金防、蔡华东、曾观红、刘光荣：《农田土壤承载畜禽粪便能力研究》，《江西农业学报》2010 年第 8 期。

③ 潘霞、陈励科、卜元卿、章海波、吴龙华：《畜禽有机肥对典型蔬果地土壤剖面重金属与抗生素分布的影响》，《生态与农村环境学报》2012 年第 5 期。

④ 黄灿、李季：《畜禽粪便恶臭的污染及其治理对策的探讨》，《家畜生态》2004 年第 4 期；周轶韬：《规模化养殖污染治理的思考》，《内蒙古农业大学学报》（社会科学版）2009 年第 1 期。

⑤ 邹晓霞、李玉娥、高清竹、万运帆、石生伟：《中国农业领域温室气体主要减排措施研究分析》，《生态环境学报》2011 年第 8 期。

　　与其他食品生产相比，畜禽产品对温室气体的排放贡献更大（Casey & Holden，2005；Cederberg & Mattson，2000；Cederberg & Stadig，2003；Lovett et al.，2006；Basset – Mens & Van Der Werf，2005）[①]。Williams 等（2006）[②] 对英国畜禽产品消费所产生的温室气体排放进行了全面测算，将消费单位畜禽产品（鸡蛋、牛奶、牛肉、猪肉、羊肉和家禽）所产生的温室气体排放量乘以除进出口之外的英国畜禽产品消费总量，得出英国年消费畜禽产品的温室气体总排放量为 5750 万 t CO_2 当量，参照学者对整个英国消费品引起的温室气体排放量的研究（Druckman et al.，2008；Jackson，2006）[③]，畜禽产品消费产生的温室气体排放量占整个英国消费品产生的温室气体排放量的 7%—8%（Tara，2009）[④]。

　　基于生命周期方法的测算，家禽和猪将植物能量转化为动物能量的效率明显高于反刍动物，所排放的 CH_4 也更少，温室效应压力相对较小，用猪肉、禽肉替代反刍动物类食品消费被认为是减少畜牧业温室气体排放的有效途径（Mcmichael et al.，2007）[⑤]。畜牧业扩张使得需要更多的土地种植大豆、谷物等饲料作物，从而会间接增加温室气体排放：

---

　　① Casey J. W.，and Holden N. M.，"The Relationship between Greenhouse Gas Emissions and the Intensity of Milk Production in Ireland"，*Journal of Environmental Quality*，Vol. 34，No. 2，2005；Basset – Mens C.，Van Der Werf H. M. G.，"Scenario – based Environmental Assessment of Farming Systems：The Case of Pig Production in France"，*Agriculture，Ecosystems and Environment*，Vol. 105，No. 1 – 2，2005.

　　② Williams A. G.，Audsley E.，and Sandars D. L.，"Determining the Environmental Burdens and Resource Use in the Production of Agricultural and Horticultural Commodities"，*Bedford：Cranfield University and Defra*，2006.

　　③ Druckman A.，Bradley P.，and Papathanasopoulou E.，et al.，"Measuring Progress towards Carbon Reduction in the UK"，*Ecological Economics*，Vol. 66，No. 4，2008；Jackson T.，"Attributing Carbon Emissions to Functional Household Needs：A Pilot Framework for the UK"，*Paper Presented at the Ecomod Conference*，Brussels，2006.

　　④ Tara G.，"Livestock – related Greenhouse Gas Emissions：Impacts and Options for Policy Makers"，*Environmental Science & Policy*，Vol. 12，No. 4，2009.

　　⑤ Mcmichael A. J.，Powles J. W.，and Butler C. D.，et al.，"Food，Livestock Production，Energy，Climate Change，and Health"，*The Lancet*，Vol. 370，No. 9594，2007.

一方面，在土地稀缺的情况下，饲料作物种植导致砍伐森林，直接降低森林对温室气体的吸收；另一方面，饲料作物种植占用的土地若用作造林可间接增加对温室气体的吸收量，可减缓温室效应。在巴西亚马逊河流域，大豆种植规模扩大是砍伐森林的主要原因（Nepstad et al.，2010）[1]，1995—2004 年的 10 年间，亚马逊河流域加工用大豆种植面积增加了 1 倍，达到了 2200km^2（Elferink et al.，2007）[2]，大豆种植还推动了亚马逊河流域小农种植业、养牛业的发展和相关企业进入雨林（Hall et al.，2006；Mcalpine et al.，2009）[3]。据估计，因畜牧业扩张导致的大豆种植规模扩大所引发的大规模森林砍伐，使亚马逊河流域每年净增加 700 万 t CO$_2$ 当量的温室气体排放，折合碳 191 万 t，约占到全球温室气体排放总量的 2% 以上（Tara，2009）[4]。从全球范围看，畜牧业消耗了全球 1/3（Keyzer et al.，2005）[5] 或更多（37%）（Good-land，1997）[6] 的谷物产品，这个比例在发展中国家稍低些，因为发展中国家的畜禽饲养对草料、农副产品消耗较多（Gerbens – Leenes & Nonhebel，

---

① Nepstad D. C. , Stickler C. M. , and Almeida O. T. , "Globalization of the Amazon Soy and Beef Industries: Opportunities for Conservation", *Conservation Biology*, Vol. 20, No. 6, 2010.

② Elferink E. V. , Nonhebel S. , and Schoot U. A. J. M. , "Does the Amazon Suffer from BSE Prevention?", *Agriculture, Ecosystems and Environment*, Vol. 120, No. 2, 2007.

③ Hall Beyer M. , Nepstad D. C. , and Stickler C. M. , et al. , "Globalization of the Amazon Soy and Beef Industries: Opportunities for Conservation", *Conservation Biology*, Vol. 20, No. 6, 2010; Mcalpine C. A. , Etter A. , and Fearnside P. M. , et al. , "Inreasing World Consumption of Beef as a Driver of Regional and Global Change: A Call for Policy Action Based on Evidence from Queensland (Australia), Colombia and Brazil", *Global Environmental Change*, Vol. 19, No. 1, 2009.

④ Tara G. , "Livestock – related Greenhouse Gas Emissions: Impacts and Options for Policy Makers", *Environmental Science & Policy*, Vol. 12, No. 4, 2009.

⑤ Keyzer M. A. , Merbis M. D. , and Pavel I. F. P. W. , et al. , "Diet Shifts towards Meat and the Effects on Cereal Use: Can We Feed the Animals in 2030?", *Ecological Economics*, Vol. 55, No. 2, 2005.

⑥ Goodland R. , "Environmental Sustainability in Agriculture: Diet Matters", *Ecological Economics*, Vol. 23, No. 3, 1997.

2002）①。由于由植物性食品向动物性产品转化时会产生能量流失
（Gold，2004；Wirsenius，2003；沈晓昆、戴网成，2011）②，意味着人
们减少动物性食品的消费就会节约更多的植物性食品（单正军，
2000）③，即可以间接减少温室气体排放（Tara，2009）④，如 Williams
等（2006）⑤ 研究得出，在英国饲养 1kg 牛肉的温室气体排放量约为
16kg CO_2 当量，而种植 1kg 小麦的温室气体排放量仅为 0.8kg CO_2
当量。

二　关于畜牧业环境污染防治政策的研究

现有的对畜牧业环境污染防治政策的研究主要集中于水污染防治领
域，畜牧业对水体的污染属于农业面源污染范畴，国内外学者对其防治
政策进行了广泛研究。Griffin 和 Bromley（1982）借鉴排污收费和排污
标准等点源污染治理政策，从理论上对农业面源污染控制政策进行了系
统分析，提出了 4 类农业面源污染控制政策，分别是基于投入的税收与
标准、基于预期排放量的税收与标准，分析表明：在合理设定参数的前
提下，所提出的 4 类农业面源污染控制政策均能以最低成本实现污染控

①　Gerbens – Leenes P. W., and Nonhebel S., "Consumption Patterns and Their Effects on Land Required for Food", *Ecological Economics*, Vol. 42, No. 1, 2002.

②　Gold M., "The Global Benefits of Eating Less Meat", Petersfield, UK: Compassion in World Farming Trust, 2004；沈晓昆、戴网成：《畜禽粪便污染警世录》，《农业装备技术》2011 年第 5 期。

③　单正军：《加拿大畜牧业环境保护管理考察报告》，《农村生态环境》2000 年第 4 期。

④　Tara G., "Livestock – related Greenhouse Gas Emissions: Impacts and Options for Policy Makers", *Environmental Science & Policy*, Vol. 12, No. 4, 2009.

⑤　Williams A. G., Audsley E., and Sandars D. L., *Determining the Environmental Burdens and Resource Use in the Production of Agricultural and Horticultural Commodities*, Bedford: Cranfield University and Defra, 2006.

制目标[①]。Shortle 和 Dunn（1986）[②] 在考虑农户与管制机构之间的信息不对称性以及农业污染物排放的随机性前提下，对 Griffin 和 Bromley 提出的4类政策的相对效率进行比较，认为在不考虑政策交易成本的情况下，基于投入的税收控制政策优于其他3种政策。Wu 等（2010）[③] 以美国南部高原地区为例，运用 EPIC – PST 和数学规划模型，比较了氮肥税、氮肥施用量标准、灌水税和灌溉技术补贴4种政策的相对效率，并分析了各种政策对农户生产决策所产生的影响及其对农户收益、社会福利所引起的相应变化，研究得出：从农户角度来看，氮肥施用量标准要优于两种税收政策；从社会角度来看，氮肥税要优于氮肥施用量标准，但无论从社会角度还是从农户角度来看，灌溉技术补贴政策的效率最高。Segerson（2006）[④] 认为由于面源污染的特殊性，直接对每个污染者的生产行为进行监测很难做到，更无法从水质监测结果准确地推断他们的生产行为，并根据这种判断提出了基于水质的农业面源污染控制激励政策，即当水质达标时，对污染者进行补偿；当水质未达标时，对污染者进行处罚。但 Hansen（1998）[⑤] 指出当污染损害是水质的非线性函数时，Segerson 所提出的激励政策因为管制机构极难获得污染者的生产成本函数与污染物排放函数信息，即便能够获得成本也极其高昂，这种基于水质的激励政策会促使污染者进行合谋，从而会造成效率损失。为避免信息获得成本过高和生产者合谋问题，Hansen 提出用水污染损

---

① Griffin R. C. , and Bromley D. W. , "Agricultural Runoff as a Nonpoint Externality: A Theoretical Development", *American Journal of Agricultural Economics*, Vol. 64, No. 4, 1982.

② Shortle J. S. , and J. W. Dunn, "The Relative Efficiency of Agricultural Source Water Pollution Control Policies", *American Journal of Agricultural Economics*, Vol. 648, No. 3, 1986.

③ Wu J. J. , Teague M. L. , Mapp H. P. , and Bernardo D. J. , "An Empirical Analysis of the Relative Efficiency of Policy Instruments to Reduce Nitrate Water Pollution in the U. S. Southern High Plains", *Canadian Journal of Agricultural Economics*, Vol. 43, No. 3, 2010.

④ Segerson K. , "Uncertainty and Incentives for Nonpoint Pollution Control", *Journal of Environmental Economics and Management*, Vol. 15, No. 1, 2006.

⑤ Hansen L. G. , "A Damage Based Tax Mechanism for Regulation of Non – Point Emissions", *Environmental and Resource Economics*, Vol. 12, No. 1, 1998.

害来替代水质激励的农业面源污染控制政策。刘建昌等（2005）[①] 以福建省九龙江流域养殖户为例，认为大部分养殖户环境意识淡薄，粪污处理设施缺乏或不按设计要求正常运转，超标排污现象严重，提出对养殖户收取一定量的超标排污税（费），可有效督促养殖场开展污染物治理，实现达标排污，同时在总量控制的基础上若能将排污权按照养殖规模比例出售（分配）给养殖户，使排污权在不同的养殖户之间流通，更能有效地控制畜禽养殖污染。高定等（2006）[②] 运用聚类分析方法评估了我国各省份畜禽养殖污染风险，认为规模化畜禽养殖业的发展必须把畜禽生产、粪污处理、农村能源、种植业、水产业等统一考虑，坚持资源化、减量化、无害化的基本原则，提倡农牧结合、种养平衡，形成互为促进的良性生态农业产业链。江希流等（2007）[③] 认为以"达标排放"为目标、通过工程技术处理畜禽污染物的治理模式，由于运行成本高、环保监管难度大，很难实现，只有资源化循环综合利用才是解决问题的根本之路。程磊磊等（2010）[④] 指出农业面源污染的分散性使得技术上监测污染物排放量的成本十分高昂，加之农业面源污染容易受到天气等随机性因素的影响，造成污染物排放与污染损害之间难以维持稳定的关系，决定了农业面源污染控制政策不能以污染物排放量为设计基础，而基于投入的政策更具可行性。吕文魁等（2011）[⑤] 指出畜禽养殖业被纳入"十二五"期间主要污染物总量减排核算范围后，按照 COD

---

① 刘建昌、陈伟琪、张珞平、洪华生：《构建流域农业非点源污染控制的环境经济手段研究——以福建省九龙江流域为例》，《中国生态农业学报》2005 年第 3 期。

② 高定、陈同斌、刘斌、郑袁明、郑国砥：《我国畜禽养殖业粪便污染风险与控制策略》，《地理研究》2006 年 2 月。

③ 江希流、华小梅、张胜田：《我国畜禽养殖业的环境污染状况、存在问题与防治建议》，《农业环境与发展》2007 年第 4 期。

④ 程磊磊、尹昌斌、鲁明中、米健：《国外农业面源污染控制政策的研究进展及启示》，《中国农业资源与区划》2010 年第 3 期。

⑤ 吕文魁、王夏晖、李志涛、张惠远、孔源：《发达国家畜禽养殖业环境政策与我国治理成本分析》，《农业环境与发展》2011 年第 6 期。

排放量较 2010 年减少 10% 的初步目标计算，"十二五"期间我国畜禽养殖业环境污染治理工程共需投入 287 亿元，即使中央财政、地方配套、企业自筹的投入比例按照 1：1：1 计算，也会抬高畜禽养殖成本。以年出栏 1 万头的生猪养殖场为例，沼气工程等环保治理设施需投入 90 万—150 万元，按照当年的猪肉平均产量和平均价格计算，养殖场的猪肉生产成本将增加 0.40—0.66 元/kg。

　　由于畜禽饲料中有机微量元素的生物学利用率明显高于无机微量元素，郭冬生等（2012）[①] 提出可以在饲料中用有机微量元素替代无机微量元素，可减少铜、锌、铁和砷等微量元素添加剂量，以减少畜禽粪便微量元素污染。黄冠庆、安立龙（2002）[②] 提出可以通过选用易消化、利用率高的饲料原料以减少动物排泄物与排泄物中营养物质的含量，从而减少畜禽粪便中的重金属含量。在畜牧业温室气体减排的研究领域，汪开英等（2010）[③] 认为，当前我国畜禽养殖生产水平、畜禽废弃物处理与管理技术、粪肥农田施用技术等方面仍处在较低的水平，因此我国畜牧业温室气体减排潜力巨大。现阶段应对畜牧业温室气体排放监测技术与方法展开研究，获取我国畜牧业温室气体排放清单，测算我国畜牧业温室气体排放潜力，进而提出减排目标及相关减排政策。覃春富等（2011）[④] 提出应尽快制定适合我国国情的畜牧业温室气体排放的核算方法标准和相关参数，转变畜牧业粗放的生产方式，优化畜牧业产业结

---

　　① 郭冬生、彭小兰、龚群辉、夏维福：《畜禽粪便污染与治理利用方法研究进展》，《浙江农业学报》2012 年第 6 期。
　　② 黄冠庆、安立龙：《运用营养调控措施降低动物养殖业环境污染》，《家畜生态》2002 年第 4 期。
　　③ 汪开英、黄丹丹、应洪仓：《畜牧业温室气体排放与减排技术》，《中国畜牧杂志》2010 年第 24 期。
　　④ 覃春富、张佩华、张继红、张养东、周振峰：《畜牧业温室气体排放机制及其减排研究进展》，《中国畜牧兽医》2011 年第 11 期。

构，发展节能低碳型畜牧业。周捷等（2011）[①] 认为在猪粪管理系统中采用沼气发酵系统可以更好地促进温室气体减排。

三 国内外研究述评

总览学界已有研究，畜牧业扩张引发的环境污染问题已十分严峻。学界在畜牧业氮磷污染领域已有大量研究，并对畜牧业温室气体排放问题进行了初步探索。从研究时间上来看，国内对畜牧业氮磷污染的研究起步于20世纪90年代，而国外发达国家更早地面临畜牧业环境污染问题，20世纪80年代国外已有大量关于畜牧业氮磷污染问题的研究；国外对畜牧业温室气体排放的研究开始于2000年，而国内相对较晚。从研究广度上来看，国内对畜牧业环境污染的研究多集中于氮磷污染，对畜牧业温室气体排放的研究较少，而国外的研究更为全面，在研究畜牧业氮磷污染等基础上，运用生命周期理论对畜牧业温室气体排放做了初步研究。在畜牧业环境污染防治的研究领域，国内外对畜牧业氮磷污染领域的防治政策的研究较多，但国内仍缺乏系统的防治政策研究，尤其是在畜牧业温室气体排放领域的政策几乎是空白。

总体来看，学界对畜牧业环境污染问题的研究较多，但将畜牧业氮磷污染与温室气体排放综合起来的研究较少。现阶段我国畜牧业环境污染防治政策仍待完善，尤其是关于畜牧业温室气体减排政策几近空白，本书旨在探究我国畜牧业发展中氮磷排放和温室气体排放引起的环境污染问题，提出适于我国畜牧业发展实际的环境污染防治策略，具有良好的理论和实践价值。

---

① 周捷、陈理、吴树彪、董仁杰、庞昌乐：《猪粪管理系统温室气体排放研究》，中国农业生态环境保护协会、农业部环境保护科研监测所：《十一五农业环境研究回顾与展望——第四届全国农业环境科学学术研讨会论文集》，中国农业生态环境保护协会、农业部环境保护科研监测所2011年版。

第三节　研究内容

一　研究内容

本书研究内容共分 8 章，分别是：

第一章，导论。全面阐述研究我国畜牧业环境污染防治策略的背景和意义，综述国内外对畜牧业环境污染防治领域的研究动态，并对文献进行评述。总体概括本书的研究内容、研究方法、技术路线和可能的创新点等。

第二章，概念界定与相关理论。包括畜牧业及环境污染的相关概念、环境承载力理论、经济增长理论、外部性理论等。

第三章，中国畜牧业发展现状与环境污染时空特征。阐述了畜牧业在我国国民经济和城乡居民生活中的地位，回顾了改革开放以来我国畜牧业发展的状况，运用环境承载力和生命周期理论分别测算我国畜牧业氮磷排放对水体、土壤的环境压力和全生命周期温室气体排放量，并进一步分析我国畜牧业环境污染的时空特征。

第四章，中国畜牧业环境污染与经济增长关系分析。在阐述环境污染与经济增长之间理论关系的基础上，运用 EKC 理论验证我国畜牧业环境污染与经济增长之间的长期关系。

第五章，畜禽养殖场环境污染防治意愿分析：以武汉市为例。武汉市畜牧业发展及其面临的环境污染问题是我国畜牧业发展的一个缩影，本章在梳理武汉市畜牧业发展及环境污染防治政策的基础上，以武汉市畜禽养殖场为例，采用问卷调查的方式，对年出栏 500 头以上的规模化猪场展开调查，并运用二元 Logistic 回归分析模型，分析养殖场开展环境污染防治意愿的影响因素，以期为我国畜牧业环境污染防治策略的制定提供微观论据。

第六章，畜禽养殖场环境污染防治个案分析。以年出栏 5 万头生猪的武汉银河猪场为例，总结该养殖场所采取的环境污染防治措施，运用环境监测数据、能值理论分析其污染治理效果，借鉴该案例养殖场污染防治的实际运作经验，为我国畜牧业环境污染防治策略的制定提供参考。

第七章，中国畜牧业环境污染防治策略。梳理我国现行的畜牧业环境污染防治政策，并指出现有政策的不足，借鉴美国、欧盟、日本等发达国家防治畜牧业环境污染的经验，结合前文分析，提出适于我国国情的畜牧业环境污染防治策略。

第八章，主要结论与研究展望。对各章的研究内容进行总结，得出本书的主要结论，并探讨有待进一步研究的问题。

二　数据来源

本书宏观数据来源于 1991—2012 年的《中国统计年鉴》和《中国农村统计年鉴》，部分数据来源于《中国畜牧业年鉴》和《全国农产品成本收益年鉴》，样本地区武汉市畜牧业发展状况参考了《武汉市畜牧兽医志（1949—2009）》，另行注明的除外，由于数据的可得性和畜牧养殖数量小等原因，港澳台地区未纳入本书研究范围。微观调查数据来源于作者对武汉市畜禽养殖场、市区环保局、市区畜牧兽医局和武汉银河猪场的第一手调查。

第四节　研究方法与技术路线

一　研究方法

本书运用定性分析与定量分析相结合、综合分析与典型案例剖析相结合、问卷调查与部门访谈相结合的研究方法，研究适于我国畜牧业发展的环境污染防治策略。

（一）文献分析法

综合国内外学者已有研究成果，把握畜牧业环境污染防治领域的最新研究动态，借鉴已有研究的有益观点与方法，分析本研究可能的创新领域，进一步论证本研究的科研价值。

（二）问卷调查与部门访谈

采用问卷调查的方式，获得畜禽养殖场养殖规模、粪便处理方式、污染防治投入等第一手数据；走访畜牧、环保等部门，了解问卷调查地区畜牧业环境污染防治领域的法律法规、行政管理和政策支持等情况。

（三）计量模型分析方法

（1）环境承载力理论：测算我国畜牧业对土壤和水体的氮磷污染程度

①畜牧业氮磷排放对土壤环境的压力：土壤环境承载压力是指一定时期内，某区域可承载土壤中氮、磷养分投入量所需要的土地面积与该区域可承载土地面积的比值。综合考虑农作物吸收和化肥使用等因素，我国畜牧业土壤环境承载压力的计算公式如下：

$$T = \frac{S_{required}}{S_{land}}; S_{required} = S_{land} + S_{surplus}; S_{surplus} = \frac{F_{surplus}}{f_{max}};$$

$$F_{surplus} = Y_{manure} + Y_{fertilizer} - Y_{crop} - Y_{pasture};$$

$$Y_{manure} = \sum_{i=1}^{m} Q_i \times r_i \times p_i - \sum_{i=1}^{t} M_i \times r_i \times p_i \times \rho;$$

$$Y_{crop} = \sum_{j=1}^{n} C_j \times \theta_j; Y_{pasture} = W \times S \times \eta \times \varepsilon$$

其中，T: 区域土壤环境承载压力指数，根据土壤施肥的木桶效应原理，取土壤对氮、磷养分承载压力的最大值作为最终的土壤环境承载压力指数；$S_{required}$: 承载土壤中氮、磷养分投入量所需要的土地面积；S_{land}: 可用于承载土壤中氮、磷养分投入量的土地面积，土地利用类型包括耕地、园地和可利用草地；$S_{surplus}$：承载土壤中氮、磷养分盈余量所需要的土地面积；$F_{surplus}$：氮、磷养分盈余量；Y_{manure}：畜禽粪便中氮、磷养分含量；$Y_{fertilizer}$：化肥中氮、磷养分折纯量；Y_{crop}：农作物移走的氮、磷养分量；$Y_{pasture}$：饲草移走的氮、磷养分量；f_{max}：单位土地面积所能承载的氮、磷养分的最大量；i：畜禽类别；Q_i：第 i 种畜禽的存栏或出栏量；r_i：i 类畜禽的粪便排泄系数；p_i：第 i 种畜禽的粪便的氮、磷养分含量；M_i：牧区、农牧交错区大牲畜存栏量；ρ：牧区、农牧交错区大牲畜粪便作为燃料直接燃烧的比例；j：农作物类别；C_j：j 类农作物年产量；θ_j：j 类农作物100kg 产量所需氮、磷养分量；W：草地鲜草产量；S：可利用草地面积；η：单位饲草干物质含量；ε：饲草干物质中氮、磷养分含量。若 $T > 1$，则土壤环境超载，区域土地资源不能完全消纳土壤中的氮、磷养分投入量，畜牧业对土壤环境造成污染；若 $T \leq 1$，则土壤环境不超载，区域土地资源能够消纳土壤中的氮、磷养分投入量，畜牧业对土壤环境不造成污染。

②畜牧业氮磷排放对水体环境的压力：水环境承载压力是指在一定时期内，既定水质环境标准下，某区域畜禽粪便进入水体后所需用于稀释污染物的地表水资源总量与该区域可用于稀释污染物的地表水资源总量的比值，计算公式如下：

$$W = \frac{L_{required}}{L_{water}}; L_{required} = \text{Max}\left(\frac{C_i}{c_i}\right)$$

其中，W：区域水环境承载压力指数；$L_{required}$：既定水环境标准下稀释畜禽粪便所需要的地表水资源量；L_{water}：可用于稀释畜禽粪便污染物的地表水资源总量，即可承载水资源总量；C_i：畜禽粪便排入水体中的 i 类污染物含量；c_i：既定水环境标准下 i 类污染物含量上限值。若 $W > 1$，则水体环境超载，排入水体的畜禽粪便超出区域地表水资源的承载能力，畜牧业对水体环境造成污染；若 $W \leq 1$，则水环境不超载，排入水体的畜禽粪便在区域地表水资源的承载范围内，畜牧业对水体环境不造成污染。

（2）生命周期评价方法：测算我国畜牧业温室气体排放量

本书基于生命周期评价方法，选取家畜胃肠道发酵、粪便管理系统、畜禽饲养环节耗能、饲料粮种植、饲料粮运输加工和畜禽产品屠宰加工六大环节，测算畜牧业全生命周期温室气体排放量，计算公式如下：

$$E_{Total} = E_{GT} + E_{CD} + E_{ME} + E_{FE} + E_{GP} + E_{SP}$$
$$= E_{gt} \cdot GWP_{CH_4} + (E_{mc} \cdot GWP_{CH_4} + E_{md} \cdot GWP_{N_2O}) +$$
$$E_{ME} + E_{FE} + E_{GP} + E_{SP}$$

其中，E_{Total}：以 CO_2 当量计算的畜牧业全生命周期温室气体总排放量；E_{GT}：家畜胃肠道发酵的 CO_2 当量排放量；E_{CD}：畜禽粪便管理系统 CO_2 当量排放量；E_{gt}：家畜胃肠道发酵 CH_4 排放量；E_{mc}：畜禽粪便管理系统 CH_4 排放量；E_{md}：畜禽粪便管理系统 N_2O 排放量；E_{ME}：畜禽生产耗能产生的 CO_2 排放量；E_{FE}：畜禽生产所消耗的饲料粮所引起的 CO_2 排放量；E_{GP}：饲料粮加工运输环节产生的 CO_2 排放量；E_{SP}：畜禽屠宰加工环节产生的 CO_2 排放量；GWP_{CH_4}：CH_4 全球升温潜能值；GWP_{N_2O}：N_2O 全球升温潜能值。

（3）单位根检验、EKC 回归模型：分析我国畜牧业环境污染与经济增长之间的动态关系

为避免时间序列变量的伪回归现象出现，本书首先采用单位根检验方法判定代表畜牧业环境污染的指标和人均 GDP 时间序列变量的平稳性，再利用回归分析模型考察我国畜牧业环境污染与人均 GDP 之间是否存在 EKC 关系。最终选取均为 0 阶单整的 3 组时间序列变量：LnZ 与 LnP_N、LnZ 与 LnW、LnZ 与 $LnSN$，构建 EKC 回归模型，考察畜牧业环境污染与经济增长之间的长期关系，回归方程如下：

$$LnW_t = c + \alpha LnZ_t + \beta (LnZ_t)^2 + \xi_t;$$

$$LnSN_t = c + \alpha LnZ_t + \beta (LnZ_t)^2 + \xi_t;$$
$$LnP_{N_t} = c + \alpha LnZ_t + \beta (LnZ_t)^2 + \xi_t$$

其中，W：水体环境对畜牧业氮磷排放的承载压力，代表畜牧业对水体环境的污染程度；SN：畜牧业粪便排放造成土壤氮素超载量，代表畜牧业对土壤环境的污染程度（考虑时间序列的平稳性，代替土壤环境对畜牧业氮磷排放的承载压力 T）；P_N：畜牧业温室气体排放强度，代表畜牧业对空气环境的污染程度。

（4）二元 Logistic 回归模型：分析畜禽养殖场环境污染防治意愿

本书选择二元 Logistic 回归模型，分析畜禽养殖场环境污染防治的意愿受哪些因素影响。Logistic 模型的表达形式为：$P = F(Z) = \dfrac{1}{1 + e^{-z}}$，其中 Z 是变量 X_1，X_2，$\cdots$，X_n 的线性组合，即 $Z = b_0 + b_1X_1 + \cdots + b_nX_n$，由式 P 和式 Z 的表达式变换得出以发生比（odds）表示的 Logistic 回归模型形式：$\ln(\dfrac{P}{1-P}) = b_0 + b_1X_1 + \cdots + b_nX_n + e$，式中，$P$ 为养殖场业主开展环境污染防治意愿的概率，取 0 或 1；$X_i(i = 1,2,\cdots,n)$ 为自变量，即影响因素；$b_i(i = 1,2,\cdots,n)$ 为第 i 个影响因素的回归系数；e 为随机误差项。b_0 和 b_1 的值可以用极大似然估计方法进行估计。

（5）能值理论：评估案例（武汉银河猪场）开展环境污染防治的生态经济效益

本书通过实地调查和资料收集的方式获得武汉银河猪场及循环农业园区的 2013 年度成本数据及当地的气象数据，采用能值分析方法对相关数据进行量化分析。能值计算公式为：$EM = \sum_{i=1}^{n} OD_i \times ET_i$，式中，$EM$ 为能值（太阳能值）；OD_i 为第 i 类原始数据；ET_i 为第 i 类原始数据的能值转化率。

二 本书研究技术路线

本书研究技术路线如图 1-1 所示。

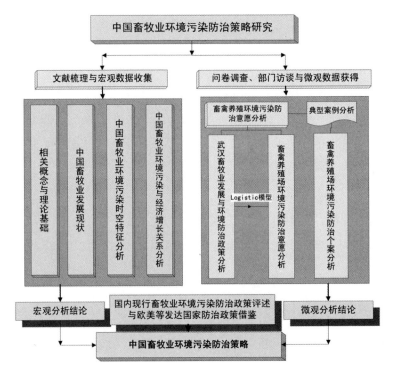

图 1 – 1　研究技术路线

第五节　可能的创新点

本书可能有以下 3 点创新：

（1）研究选题具有新颖性。现有研究多集中于对畜牧业氮磷污染领域的分析，本书将畜牧业氮磷排放和温室气体排放一并纳入畜牧业环境污染的分析框架，运用环境承载理论和生命周期分析方法定量测度我国畜牧业环境污染时空特征，并进一步把握我国畜牧业环境污染与经济增长之间的长期关系，拓展了既定的研究内容，丰富了现有的研究体系，研究选题具有一定的新颖性。

（2）研究方法的应用有所创新。在现有的研究中，大多集中于畜牧业氮磷污染所形成的对土壤或水体单个领域污染的风险分析，本书则基于环境承载理论，综合考虑化肥使用、农作物吸收、牧区粪便燃烧等因素，科学测算了我国畜牧业对土壤、水体环境的污染程度及时空特征；与此同时，在对畜牧业温室气体排放研究方面，目前的研究大多侧重于对畜禽饲养和粪便管理系统等直接排放的温室气体的分析，而本书则运用生命周期理论，依据家畜胃肠道发酵、粪便管理系统、畜禽饲养环节耗能、饲料粮种植、饲料粮运输加工和畜禽产品屠宰加工六大环节的调查数据，从全生命周期的角度测算了我国畜牧业温室气体的排放量及排放特征，在研究方法上具有一定的创新性。

（3）研究内容具有一定创新性，获得了一些有价值的结论。在宏观研究层面，基于环境承载力和生命周期理论方法测算我国畜牧业环境污染时空特征，并运用 EKC 理论验证我国畜牧业环境污染与经济增长之间的长期关系；在微观研究层面，选择典型区域开展问卷调查，分析畜禽养殖场污染防治意愿的影响因素，并采用典型案例剖析养殖场开展污染防治的措施及效益；在污染防治策略的提出层面，梳理我国现行的畜牧业环境污染防治政策，借鉴国际畜牧业环境污染防治经验，统筹兼顾畜牧业发展和环境污染防治两大目标，提出强化畜牧业环境污染防治体系建设，加大政策扶持力度，健全激励机制，完善污染防治技术标准和规范，加强污染防治技术研发、示范推广和大力推动畜牧业温室气体减排等污染防治策略，具有一定的创新性。

第二章

概念界定与相关理论

第一节　概念界定

一　畜牧业

畜牧业或畜禽养殖业是利用圈养、放牧或者二者结合的方式，饲养畜禽将饲料和牧草等植物能转变为动物能，以取得肉、蛋、奶、毛皮等畜产品的生产部门，是农业的重要组成部分，与种植业并列为农业生产的两大支柱产业，在我国国民经济中有着重要的地位和作用。

二　畜禽规模化养殖

国内对畜禽规模化养殖的划分并无统一标准。原国家环境保护总局、国家质量监督检验检疫总局发布的《畜禽养殖业污染物排放标准》（GB 18596—2001）规定"集约化畜禽养殖场的适用规模为：存栏生猪500 头以上、蛋鸡 1.5 万只以上、肉鸡 3 万只以上、成年奶牛 100 头以上和肉牛 200 头以上；集约化畜禽养殖小区的适用规模为：存栏生猪3000 头以上、蛋鸡 10 万只以上、肉鸡 20 万只以上、成年奶牛 200 头以上和肉牛 400 头以上"。农业部发布的《畜禽粪便无害化处理技术规范》（NY/T 1168—2006）对规模化养殖场的划分与 GB 18596—2001 相同。环境保护部《畜禽养殖业污染治理工程技术规范》（HJ 497—2009）规定"集约化畜禽养殖场是指存栏数为 300 头以上的养猪场、50 头以上的奶牛场、100 头以上的肉牛场、4000 只以上的养鸡场、2000 只以上的养鸭和养鹅场；集约化畜禽养殖小区的养殖规模参照 GB 18596—2001 规定"。国家发展和改革委员会价格司编制的《全国农产品成本收益资料汇编（2012）》规定"规模化畜禽养殖的标准为：生猪饲养规模 30 头以上、肉鸡 300 只以上、蛋鸡 300 只以上、奶牛 10 头以上、肉牛 50 头以上、肉羊 100 头以上"。

本书在对武汉市畜禽养殖场开展问卷调查时，综合考虑《畜禽养殖业污染物排放标准》（GB 18596—2001）、《畜禽养殖业污染治理工程技术规范》（HJ 497—2009）和《全国农产品成本收益资料汇编（2012）》之规定，结合武汉生猪规模养殖实际和本书研究需要，选取的规模化养猪场的养殖规模均为年出栏 500 头以上。

三 环境与环境污染

环境（environment）是指某一生物体或生物群体以外的空间，以及直接或间接影响该生物体或生物群体生存的一切事物的总和。环境是相对于一定的主体而存在的，是一个相对概念，离开特定空间或主体谈环境就失去意义。若地球表面的动植物是主体，那么整个地球表面就是它们生存和发展的环境；若某个生物群落是主体，那么影响此生物群落生存和发展的各种因素总和就是环境；若某个产业是主体，那么影响该产业生存和发展的各种因素的总和就是环境，如农业环境就是指影响农业生物生存和发展的各种天然的和经过人工改造的自然因素的总体，包括农业用地、用水、大气、生物等。在环境科学的研究范畴中，环境是一个极其复杂并不断依靠能量、物质和信息的输入、输出维持其自身稳态运动的远离平衡态的开放系统，是以人类社会为中心的外部世界（唐剑武、叶文虎，1998）①。在经济学中，环境被当作一种可以提供多种服务的综合的资产（李金华，2000）②。环境污染（environment pollution）是指人类直接或间接地向环境排放物质或能量，其速度和数量超出环境自身的容量和自净能力，造成环境质量下降，对人类的生存与发展、生态系统和财产造成不利影响的现象。按照污染的形态划分为水污染、大气污染、固体废弃物污染、放射性污染和噪声污染；按照污染的对象划分为海洋污染、陆地污染和空气污染；按照污染物的来源划分为生产性污染、生活性污染和其他污染。

四　畜牧业环境污染

畜牧业环境污染一般是指畜禽粪便、养殖粪污和病死畜禽尸体处理不当等对水体、土壤和空气的污染。本书对畜牧业环境污染或畜禽养殖污染的研究着重于畜禽粪便氮磷和温室气体排放造成的环境污染。

五　畜禽粪污及无害化处理、资源化综合利用

环境保护部发布的《畜禽养殖业污染治理工程技术规范》（HJ 497—2009）规定："畜禽粪污是指畜禽养殖场产生的废水和固体粪便的总称。"农业部发布的《畜禽粪便无害化处理技术规范》（NY/T 1168—2006）规定："无害化处理是指利用高温、好氧或厌氧技术杀灭畜禽粪便中病原菌、寄生虫和杂草种子的过程。"《畜禽养殖污染防治管理办法》（国家环境保护总局令第9号）第十四条对畜禽粪污的资源化综合利用的方式做了说明，指出畜禽粪污的资源化综合利用包括直接还田利用、发酵生产沼气、生产有机肥、加工成再生饲料等方式，但采取直接还田利用之前，应对畜禽粪便进行无害化处理，以防畜禽粪便中的病菌传播。

---

① 唐剑武、叶文虎：《环境承载力的本质及其定量化初步研究》，《中国环境科学》1998年第3期。

② 李金华：《中国可持续发展核算体系（SSDA）》，社会科学文献出版社2000年版。

第二节　相关理论

一　环境承载力理论

承载力最初的意义是指地基强度对建筑物的负重能力。1798 年，英国人口学家和政治经济学家托马斯·罗伯特·马尔萨斯（Thomas Robert Malthus）首次运用"承载力"概念阐述了食物对人口增长的限制作用，给承载力赋予新的内涵和外延，为承载力的研究构建了初步框架，即根据限制因子的状况，推测研究对象的极限数量（张天宇，2008）[①]。1921 年，伯吉斯和帕克将"承载力"概念引入生态学领域，把"承载力"的生态学含义定义为"某一环境条件下（阳光、营养物质、生存空间等生态因子的组合），某种个体可以存活的最大数量"（程火生、崔哲浩，2010）[②]。1972 年，以美国科学家丹尼斯·米都斯为首的"罗马俱乐部"出版《增长的极限》（*Limits to growth*），得出"零增长理论"，即因地球资源有限，人类必须自觉地抑制增长，否则人类社会将因资源枯竭而崩溃，由此引起了广泛争论，也使资源环境承载力概念得到了更广泛的关注。1953 年，美国生态学家奥德姆（Eugene Pleasants Odum）在《生态学基础》中赋予承载力概念较为精确的数学形式。1995 年，Arrow 与其他学者在 *Science* 上发表了《经济增长、承载力和环境》一文，引起各国政府和学术界的关注（Arrow K. et al.，1995）[③]。

---

① 张天宇：《青岛市环境承载力综合评价研究》，硕士学位论文，中国海洋大学，2008 年。

② 程火生、崔哲浩：《长白山地区生态旅游环境承载力与可持续发展研究》，《延边大学农学学报》2010 年第 1 期。

③ Arrow K., Bolin, Costanza R., et al., "Economic Growth, Carrying Capacity, and the Environment", *Science*, Vol. 268, No. 5210, 1995.

国内学者对环境承载力的关注较晚，环境承载力的概念最早出现于北京大学环境科学中心主持的国家"七五"重点科研项目《福建省湄洲湾开发区环境规划综合研究》中（叶文虎等，1992）[①]。唐剑武、叶文虎（1998）[②] 认为某一区域环境功能取决于其环境系统的结构，具体是指该区域环境系统维持自身稳态或自组织的能力及其与人类系统相互作用（提供自然资源、容纳并净化废弃物）的能力和方式，环境承载力是环境系统功能的外在表现，描述了环境系统对人类活动支持能力的阈值，可表示为包含时间、空间和经济行为等自变量的函数，环境承载率（环境承载量/环境承载力）反映一个地区环境与经济社会的协调程度。20 世纪 90 年代以后，承载力理论开始被应用于土地承载力、水环境承载力、资源承载力等领域。施雅风、曲耀光（1992）[③] 认为某一地区的水资源承载力是指在该地区的水资源最高可承载的工业、农业和人口水平等社会生态系统。童玉芬（2010）[④] 运用系统动力学方法，综合考虑供水和用水因素，对供水和用水的变化进行模拟仿真，对北京市的水资源人口承载力进行了定量的动态分析，研究显示：按照现有的供水和用水标准以及用水结构，北京市水资源承载力将会随着时间推移而出现下降，提高水资源的综合利用率和改善用水结构，有助于提高北京市人口承载力。刘佳骏等（2011）[⑤] 运用系统论原理，构建涵盖经济、社会、生态和水资源 4 个子系统的区域水资源承载力综合评价模型，研究

---

① 叶文虎、梅凤桥、关伯仁：《环境承载力理论及其科学意义》，《环境科学研究》（增刊）1992 年第 5 期。

② 唐剑武、叶文虎：《环境承载力的本质及其定量化初步研究》，《中国环境科学》1998 年第 3 期。

③ 施雅风、曲耀光：《乌鲁木齐河流域水资源承载力及其合理利用》，科学出版社 1992 年版。

④ 童玉芬：《北京市水资源人口承载力的动态模拟与分析》，《中国人口·资源与环境》2010 年第 9 期。

⑤ 刘佳骏、董锁成、李泽红：《中国水资源承载力综合评价研究》，《自然资源学报》2011 年第 2 期。

我国水资源承载力的变化状况及其特点，并对我国水资源的利用状况进
行评价，研究显示：我国水资源分布与人口分布和经济布局不相匹配，
西南地区水资源承载潜力相对较大，长江、珠江流域及东部沿海地区水
资源承载力已接近上限，华北平原、西北地区水资源严重短缺，水资源
超载严重。土地资源承载力是指在保持生态与环境质量不致退化的前提
下，单位面积土地所容许的最大限度的生物生存量（全国科学技术名词
审定委员会，2004）①。刘东等（2011）②基于人口与粮食关系，构建了
土地资源承载力模型和土地资源承载指数模型，从县域尺度分析了我国
土地资源承载力空间格局现状。研究显示，2007 年我国分县土地资源
承载力以人口超载和粮食短缺为主要特征。刘传江、朱劲松（2008）③
根据三峡库区土地资源的特点，对三峡库区的耕地、森林植被以及饲草
的承载力状况进行了研究，研究得出：三峡库区人地关系非常紧张，森
林植被分布不均，而饲草供应则非常充足。董巍等（2005）④以浙江金
华为例，运用区域生态旅游承载力理论，构建生态旅游承载力指标体
系，对金华 9 个县市的生态旅游功能区进行划分，开展区域生态旅游
规划。

二 经济增长理论

经济增长通常是指长期内一个国家或地区人均产出（或人均收入）
水平的持续增加，一个国家或地区能否提高国民的生活水平关键取决于
长期经济增长率。对经济增长理论的研究最早出现于 1776 年亚当·斯

---

① 全国科学技术名词审定委员会网站，http：//www.cnctst.gov.cn/pages/homepage/result.jsp#，2014。
② 刘东、封志明、杨艳昭、游珍：《中国粮食生产发展特征及土地资源承载力空间格局现状》，《农业工程学报》2011 年第 7 期。
③ 刘传江、朱劲松：《三峡库区土地资源承载力现状与可持续发展对策》，《长江流域资源与环境》2008 年第 4 期。
④ 董巍、刘昕、孙铭、余媛媛、王祥荣：《生态旅游承载力评价与功能分区研究——以金华市为例》，《复旦学报》（自然科学版）2004 年第 6 期。

密的《国富论》，斯密系统描述了国民经济运动，按照劳动价值论将增加财富的影响因素归结为劳动力和资本两大因素，认为增加劳动者的数目、增加资本投入、加强分工和改良机器等生产力因素可以提高生产率，是增加国民财富和促进经济增长的主要途径，并指出这些因素毋须国家干预，均可由市场自行实现（左大培，2005）①，《国富论》为古典经济增长理论奠定了基础。李斯特在发展斯密经济增长理论的基础上，把亚当·斯密未关注的物质资本、科学技术、精神资本、政治与法律制度、文化心理等因素全部纳入生产力概念，在 1841 年出版的《政治经济学的国民体系》一书中指出"财富的原因和财富本身完全不同。一个人可以拥有财富，那就是交换价值；但是他如果没有生产力去产生大于他消耗的价值，他将越来越穷。反之，一个人可能很穷，但他如果拥有可以产生大于他所消耗有价值产品的生产力，他就会富裕起来"，而亚当·斯密提出的经济增长理论仅仅关注到自由竞争前提下市场机制、劳动分工和储蓄等几个有限因素对经济增长的作用，却对经济增长的决定性因素——财富的生产力缺乏重视。20 世纪 30 年代，凯恩斯的《就业利息与货币通论》为现代经济增长理论的创建提供了理论基础。经济学数学化成为一种趋势，数学分析在西方经济学中的应用日益广泛，经济增长理论开始数学模型化。

（一）哈罗德—多马经济增长模型

凯恩斯的后继者、英国经济学家哈罗德（R. F. Harrod）1939 年发表的《论动态理论》一文和 1948 年出版的《动态经济学导论》一书，将凯恩斯短期、静态的宏观经济分析长期化、动态化，并在此理论的基础上提出了经济增长模型。同一时期，美国经济学家多马（E. Domar）发表了《资本扩张、增长率和就业》（1946）和《扩张和就业》

① 左大培：《经济学、经济增长理论与经济增长理论模型》，《社会科学管理与评论》2005 年第 3 期。

（1947）等论文，独立地提出了与哈罗德模型结构和结论相似的模型，人们将这两位经济学家各自独立提出的经济增长理论模型合称为"哈罗德—多马经济增长模型"。该模型以一系列严格的假设为前提，解释一国在长期按照固定不变的增长率均衡增长所需要的条件，假设：①全社会生产的产品只有一种，既可以是消费品，也可以是投资品；②社会生产中只使用资本和劳动两种生产要素，且不相互替代；③不存在技术进步，规模报酬不变，即每单位产出量所需要投入的生产要素数量保持不变，意味着资本—劳动比率和资本—产出比均为常数；④储蓄既定，且在国民收入中的份额保持不变；⑤资本设备不存在折旧，即投资总量等于资本存量的增加；⑥劳动力按照一个固定不变的比率增长。哈罗德模型引入有保证的增长率、实际增长率和自然增长率三种经济增长率概念。哈罗德认为，当实际增长率和均衡增长率发生偏差时，会导致经济短期波动；而当均衡增长率和自然增长率发生偏差时，则会导致经济长期波动，而且一旦偏差发生，就会呈现出自我加强的趋势。要使有保证的增长率持续下去，即经济能够稳定地增长，则要求储蓄量全部转化为投资量，即有保证的增长率、实际增长率和自然增长率三种增长率相等，才能实现经济长期均衡增长，这在现实经济运行中几乎是不可能的，因此又称为"刀锋式"的经济增长（张志勇、王丽瑜，2005）[①]。

（二）新古典经济增长模型

20世纪50年代后期，美国经济学家罗伯特·默顿·索洛（Robert Merton Solow）假定资本和劳动两种生产要素可以相互替代、存在外生技术进步、完全竞争经济和规模收益不变，建立了新的经济增长模型，即索洛模型（Solow Model），针对"哈罗德—多马"增长模型做了进一步修正。由于索洛模型既包含古典经济学思想，又包含凯恩斯主义经济

[①]　张志勇、王丽瑜：《西方现代经济增长理论及其新发展》，《东岳论丛》2009年第10期。

学思想，被称为"新古典经济增长模型"，自 20 世纪 50 年代至 80 年代内生经济增长模型提出之前，索洛模型一直支配着经济增长理论的发展，即使在内生经济增长理论创立之后，索洛模型也几乎是所有研究经济增长问题的起点。

索洛模型考察了经济是如何随时间而变化的。为了探讨劳动力增长、资本变化对经济的影响，索洛模型假设人口不断增长，且在任意特定的考察期内劳动适龄人口占总人口的比例不变，并进一步假设经济体是封闭的，并且不存在政府购买，意味着产出中未用于投资的部分将被用来消费，旨在分析单位工人产出、单位工人消费和资本劳动比率随时间变化的状态。①单位工人生产函数：$y_t = f(k_t)$，反映出在第 t 年中，单位工人产出 y_t 与单位工人资本 k_t（劳动资本比率）之间的关系。②经济稳态函数：$c = f(k) - (n + d)k$，即稳态单位工人消费 c 等于稳态单位工人产出 $f(k)$ 减稳态单位工人投资 $(n + d)k$。稳态单位工人产出由单位工人生产函数 $f(k)$ 决定，其中 k 是稳态资本劳动比率。稳态单位工人投资分为两部分：nk：用来给新工人装备资本，使其达到稳态的单位工人资本存量；dk：用于替换破损或折旧的资本。③形成经济稳态的条件：$sf(k) = (n + d)k$，即单位工人储蓄 $sf(k)$ 等于稳态单位工人资本 $(n + d)k$，单位工人储蓄为单位工人产出的 s 倍，s 为单位工人储蓄率。

索洛模型研究得出：假如不存在生产率增长，经济必然会达到稳态。此时，资本劳动比率、单位工人产出和单位工人消费均不随时间发生变化。但是，总资本、总产出和总消费将以劳动力增长率 n 增长，预示着生活水平最终不会得到提升。就长期而言，只有生产率的不断增长才会带来生活水平的持续提高。索洛模型的结论是：在长期中，决定生活水平上升速度的主导因素是生产率的增长率。

（三）内生经济增长模型

新古典经济增长理论认为经济增长是由经济理论不能预见的所谓外生的技术进步推动，并未能从理论上解释经济持续增长的原因，内生经济增长理论放松了新古典增长理论的假设并把相关的变量内生化,是经济增长理论发展的第三次革命。1962 年美国经济学家肯尼斯·约瑟夫·阿罗(Kenneth J. Arrow)通过常规的 C—D 生产函数推导出规模报酬递增的生产函数,并提出"干中学"模型,认为人们可以通过不断的学习和经验的积累实现社会技术进步,认为技术进步是经济增长模型的内生因素(Arrow K., 1962)[①]。1986 年美国经济学家保罗·罗默提出了四要素增长理论,即新古典经济学中的资本和劳动(非技术劳动)外,又加上了人力资本(以受教育的年限衡量)和新思想(用专利来衡量,强调创新)(Romer P., 1986)[②]。与新古典经济增长理论相比,罗默提出的内生经济增长理论承认知识是经济活动的生产要素,投资可促进知识积累,知识又能刺激投资,由此推导出投资的持续增长能够持续地提高一个国家或地区的增长率,并把技术看作是"内生"的,技术水平的提高同投入的人力和物力资源成正比,认为技术可以提高投资的收益。内生经济增长理论对制定经济政策具有显著的影响,其对知识、人力资本的重视,有助于政府更加重视教育、投资、研发、知识产权和贸易改革等领域(杨凤林等,1996)[③]。

三 外部性理论

1887 年,剑桥学派的鼻祖、英国经济学家西奇威克(Sidgrwick)在其《政治经济学原理》中提出"通过自由交换个人不一定总能够为他所提供的劳务获得适当的报酬,首先是因为某些公共设施的性质使得不可能由建造者或愿意购买的人所有,比如大量船只能够从位置恰到好

① Arrow K., Bolin, Costanza R., et al., "Economic Growth, Carrying Capacity, and the Environment", *Science*, Vol. 268, No. 5210, 1995.

② Romer P. M., "Increasing Returns and Long – Run Growth", *Journal of Political Economy*, Vol. 94, No. 5, 1986.

③ 杨凤林、陈金贤、杨晶玉:《经济增长理论及其发展》,《经济科学》1996 年第 1 期。

处的灯塔得到好处，灯塔管理者却很难向它们收费"。虽然西奇威克并
未直接提到"外部性"，但这种自由经济中"个人提供的劳务"与"报
酬"之间差异实际上就是"外部性"问题。为此，法国经济学家、新
规制经济学创始人之一让·雅克·拉丰（Jean Jacques Laffont）把西奇
威克作为"外部性"问题研究的奠基者之一（张宏军，2008）①。1890
年，当代经济学的创立者、现代微观经济学体系的奠基人、剑桥学派和
新古典学派的创始人、英国经济学家阿尔弗雷德·马歇尔（Marshall）
在其著作《经济学原理》论述经济中出现生产规模扩大的问题时，首
次提到"外部经济"和"内部经济"的概念，顾名思义，外部经济是
指企业生产规模的扩大源于所在产业的整体普遍发展，内部经济是指企
业生产规模的扩大是依靠企业内部组织管理水平的提高。马歇尔在理论
上对外部性问题的抽象和概括（Clapham J. H.，1922）②，为外部性理
论的产生提供了思想源泉（罗士俐，2009）③。

　　20 世纪 20 年代，马歇尔的学生庇古（Pigou）在其著作《福利经
济学》中指出，当"边际社会净产值"和"边际个人净产值"相等时，
整个社会的资源实现最优配置，此时国民红利最大；前者小于后者时，
就会产生"负外部性"，此时国民红利受损，负的外部性有可能导致市
场失灵，标志着外部性理论的形成（徐桂华、杨定华，2004；贾丽虹，
2003）④。针对外部性的存在可能造成的市场失灵，庇古提出依靠政府
征税或补贴以解决外部性问题，实现资源的帕累托最优配置，当存在外
部不经济时，政府采取征税，征税额度为边际外部成本（MEC），由边
际私人成本减去边际社会成本得出；当存在外部经济时，政府采取补

①　张宏军：《外部性理论发展的基本脉络》，《生产力研究》2008 年第 13 期。
②　Clapham J. H.，"On Empty Economic Boxes"，*Economic Journal*，Vol. 32，No. 128，1922.
③　罗士俐：《外部性理论的困境及其出路》，《当代经济研究》2009 年第 10 期。
④　徐桂华、杨定华：《外部性理论的演变与发展》，《社会科学》2004 年第 3 期；贾丽虹：《外部性理论及其政策边界》，华南师范大学出版社 2003 年版。

贴，补贴额度为边际外部收益（MER），由边际社会收益减去边际私人收益得出，这种政策被学界称为"庇古税"（黄敬宝，2006）①。庇古列举"道路拥挤"的案例说明"外部不经济"，即在两条道路中，质量较好的道路往往被过度利用，造成这种情况的原因是司机选择质量较好的道路所获得的边际个人净产值要大于边际社会净产值，这样，每个司机都会优先选择质量较好的道路，即由"外部不经济"引起"道路拥挤"。但奈特认为"道路拥挤"虽然与"外部不经济"有关，但产生"外部不经济"的原因在于缺乏对稀缺资源产权的界定，"外部不经济"问题在稀缺资源划定为私人所有的条件下，可以得到克服（贾丽虹，2003）②。诺贝尔经济学奖获得者罗纳德·哈里·科斯（Ronald H. Coase）于1960年发表长篇论文《社会成本问题》（*The Problem of Social Cost*），阐述了产权界定和产权安排在经济交易中的重要性，认为解决外部性问题不能局限于私人成本和社会成本的比较，而应该从社会总产值最大化或损害最小化的角度考虑。但张五常却认为外部性概念过于空泛，是模糊不清的理念（张五常，2002）③。

宋国君等（2008）④利用外部性理论分别以主体、时空为基准对环境外部性主体进行划分，构建了外部性绝对大小和相对大小的概念，分别回答了环境问题管理的必要性、管理主体、管理手段和管理程度的问题，并提出了"三级两层"的中国环境管理体制框架。孙鳌（2009）⑤认为治理环境外部性的政策工具主要有命令控制型政策和基于市场的治理政策两大类。每一种政策工具的特定适用条件不同，管制者的根本任

①　黄敬宝：《外部性理论的演进及其启示》，《生产力研究》2006年第6期。
②　贾丽虹：《外部性理论及其政策边界》，华南师范大学出版社2003年版。
③　张五常：《合约结构与界外效应》，载《经济解释（三卷本）》，（台湾）花千树出版公司2002年版，第179—181页。
④　宋国君、金书秦、傅毅明：《基于外部性理论的中国环境管理体制设计》，《中国人口·资源与环境》2008年第2期。
⑤　孙鳌：《治理环境外部性的政策工具》，《云南社会科学》2009年第5期。

务是正确地选择和组合各种政策工具，以实现社会福利的最大化。杨志武、钟甫宁（2010）[①] 认为从事农作物种植的农户的种植方式受外部性的影响而表现出一定程度的集体决策行为，连片种植的概率就比较大，并通过对粮食主产区黑龙江和江苏的实证研究表明：农户种植集体决策的行为客观存在，集体决策受农作物生产外部性和地块面积的影响。

就畜牧业环境污染而言，畜牧业环境污染的经济学成因可归结为畜牧业生产的外部不经济。畜牧业环境污染只要来自养殖场的畜禽粪便，养殖场开展治污行为会增加畜禽养殖的成本。若无环境监管或相关经济激励，追求利润最大化的养殖业主不会对畜禽粪便进行处理，会直接将畜禽粪便外排，由此造成环境污染，畜禽环境污染的加剧还会造成周边居民生活质量下降、畜禽疫病频发、农产品质量下降、流域环境恶化等社会问题，即造成外部不经济。如图 2 - 1 所示。

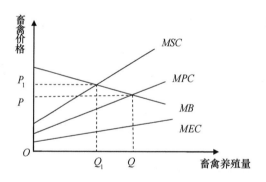

图 2 - 1　畜牧业生产的外部不经济

图中 *MSC* 和 *MPC* 分别代表边际社会成本和边际私人成本，由于畜禽养殖存在外部不经济，*MSC* 大于 *MPC*；*MEC* 为 *MSC* 与 *MPC* 之差，代表边际环境成本，也就是养殖场治理环境污染的成本；*MB* 为边际养殖收益；*P* 代表价格，*Q* 代表养殖量（污染规模）。对养殖场而言，其

① 杨志武、钟甫宁：《农户种植业决策中的外部性研究》，《农业技术经济》2010 年第 1 期。

最佳养殖量（污染规模）为 Q（$MPC = MB$），但考虑到畜禽养殖造成的环境污染，对整个社会而言，养殖场的最佳养殖量（污染规模）为 Q_1（$MSC = MB$）。

第三节　本章小结

本章首先对文中所涉基本概念进行界定，包括畜牧业、畜禽规模养殖、环境、环境污染、畜牧业环境污染、畜禽粪污、畜禽粪污的无害化处理和资源化综合利用；其次，对本书的理论基础予以阐述，包括环境承载力理论、经济增长理论和外部性理论等。

第三章

中国畜牧业发展现状与
环境污染时空特征

　　我国畜牧业在改革开放后实现了快速发展，畜牧业综合生产能力显著增强，产业结构逐步优化，技术水平显著提高，涌现出一批大型畜牧业集团公司。畜牧业已成为我国农业与农村经济发展的支柱产业，不仅满足了人们对肉蛋奶等畜禽产品的需求，扭转了长期以来我国畜禽产品供给短缺的局面，显著改善了国民营养结构，还有力地推动了农村经济改革和相关产业的发展。随着城镇化进程加快和人们生活水平的提高，畜禽产品在我国居民食品消费中所占比例逐年增加，受畜禽产品需求和规模效益等因素影响，我国畜牧业饲养模式正由低生产力的农户散养模式向高生产力的集约化养殖模式转变（侯勇等，2012）[1]，由此导致的畜牧业与环境保护之间的矛盾日益突出（陈德明等，2002；史光华，2004；张华等，2007）[2]，畜禽养殖废弃物已成为我国农村环境污染的重要来源（武淑霞，2005）[3]。同时，畜牧业反刍动物瘤胃发酵和畜禽

---

[1]　侯勇、高志岭、马文奇、Lisa Heimann, Marco Roelcke, Rolf Nieder,《京郊典型集约化"农田-畜牧"生产系统氮素流动特征》,《生态学报》2012 年第 4 期。

[2]　陈德明、杨劲松、刘广明:《规模化牲畜养殖场的环境效应及其对策》,《上海环境科学》2002 年第 8 期；张华、陈晓东、常文越、张帆、袁英兰:《畜禽养殖污水生态处理及资源化利用方式的探讨》,《环境保护科学》2007 年第 3 期。

[3]　武淑霞:《我国农村畜禽养殖业氮磷排放变化特征及其对农业面源污染的影响》,博士学位论文，中国农业科学院，2005 年。

粪便处理过程中产生的 CH_4 及粪便还田利用过程中直接或间接的 N_2O 排放，已成为农业温室气体排放的主要排放源（Olesen et al.，2006）[1]，畜牧业温室气体减排已成为我国畜牧业环境污染防治工作面临的新课题。

　　本章概述了改革开放以来我国畜牧业发展现状，运用环境承载力理论和生命周期评价方法分别测算我国畜牧业氮磷排放对土壤、水体环境的污染程度和畜牧业全生命周期温室气体排放状况，并分析其环境污染的时空特征，旨在从宏观上把握我国畜牧业发展与环境污染状况，为我国畜牧业环境污染防治策略的制定提供宏观依据。

第一节　改革开放以来中国畜牧业发展现状

一　畜牧业综合生产能力增强，人均畜禽产品占有量提高

　　畜禽养殖规模稳步扩大。1980 年全国生猪出栏 19860.7 万头，2011 年达到 66170.30 万头，是 1980 年的 3.33 倍，年均增长率 3.96%。1980 年全国牛出栏 332.20 万头，2011 年达到 4670.70 万头，是 1980 年的 14.06 倍，年均增长率 8.9%。1980 年全国羊出栏 4241.90 万头，2011 年达到 26651.50 万头，是 1980 年的 6.28 倍，年均增长率 6.11%。1990 年全国家禽出栏 243391.10 万只，2011 年达到 1132715.20 万只，是 1990 年的 4.65 倍，年均增长率 7.60%（见表 3-1）。

　　畜禽产品总量不断增长。1979 年我国肉类总产量 856.30 万 t，2011 年肉类总产量增加到 7957.80 万 t，年均增长率达到 6.49%，约为 1979 年的 7.49 倍，其中：1979 年我国猪肉、牛肉、羊肉的总产量分别为

----

① Olesen J. E., Schelde K., and Weiske A., "Modelling Greenhouse Gas Emissions from European Conventional and Organic Dairy Farms", *Agriculture*, *Ecosystems and Environment*, Vol. 112, No. 2, 2006.

1001.40 万 t、23.00 万 t、38.00 万 t，2011 年总产量分别为 5053.10 万
t、647.50 万 t、393.10 万 t，分别约为 1979 年的 9.29 倍、5.05 倍、
28.15 倍，年均增长率分别达到 5.19%、10.99%、7.57%。1980 年我
国牛奶、禽蛋的总产量分别为 114.10 万 t、256.60 万 t，2011 年总产量
分别为 3657.80 万、2811.40 万 t，分别约为 1980 年的 32.06 倍、
10.96 倍，年均增长率分别达到 11.84%、8.03%。1985 年我国禽肉总
产量 160.20 万 t，2011 年禽肉总产量增加到 1708.80 万 t，约为 1985 年
禽肉总产量的 10.67 倍，年均增长率达 9.53%。2010 年，我国肉类总
产量 7925.83 万 t，居世界第一，其中：猪肉总产量 5071.24 万 t，居世
界第一；牛肉总产量 653.06 万 t，仅次于美国和巴西，居世界第三；羊
肉总产量 398.86 万 t，居世界第一；禽肉总产量 1656.10 万 t，仅次于
美国和巴西，居世界第三。中国禽蛋总产量 2762.74 万 t，居世界第一。
中国牛奶总产量 3575.60 万 t，仅次于美国和印度，居世界第三（见表
3 - 2）。

表 3 - 1　　　　　**1980—2011 年我国主要畜禽年出栏量**　单位：万头、万只

年份	生猪	牛	羊	家禽
1980	19860.70	332.20	4241.90	—
1985	23875.20	456.50	5081.00	—
1990	30991.00	1088.30	8931.40	243391.10
1995	48051.00	3049.00	16537.40	630212.40
2000	52673.30	3964.80	20272.70	809857.10
2005	60367.42	5287.60	30804.50	986491.80
2010	66686.43	4716.80	27220.20	1100578.00
2011	66170.30	4670.70	26651.50	1132715.20

　　注：数据来源于《中国农村统计年鉴》（1981—2012 年），"—"表示数据
缺失。

表3-2　　　　　**1979—2011年我国主要畜禽产品总量**　　　单位：万t

年份	肉类	猪肉	牛肉	羊肉	牛奶	禽肉	禽蛋
1979	856.30	1001.40	23.00	38.00	—	—	—
1980	1205.40	1134.10	26.90	44.50	114.10	—	256.60
1985	1926.50	1654.70	46.70	59.30	249.90	160.20	534.70
1990	2857.00	2281.10	125.60	106.80	415.70	322.90	794.60
1995	5260.10	3648.40	415.40	201.50	576.40	934.70	1676.70
2000	6125.40	4031.40	532.80	274.00	827.30	1207.50	1965.20
2005	6938.90	4555.33	568.10	350.06	2864.83	1464.27	2438.12
2010	7925.83	5071.24	653.06	398.86	3575.60	1656.10	2762.74
2011	7957.80	5053.10	647.50	393.10	3657.80	1708.80	2811.40

注：数据来源于《中国农村统计年鉴》（1980—2012年），"—"表示数据缺失。

畜牧业产值不断提高。按当年价格计算，1978年我国畜牧业总产值209亿元，占我国当年农业总产值的14.96%，2011年畜牧业产值达到25771亿元，占我国农业总产值的31.70%，畜牧业已由传统的家庭副业成长为我国农业和农村经济的支柱产业（见表3-3）。

表3-3　　**1978—2011年我国畜牧业产值及其占农业总产值的比重**

年份	畜牧业总产值（亿元）	农林牧渔总产值（亿元）	占农业总产值比重（%）
1978	209.00	1397.00	14.96
1979	286.00	1698.00	16.84
1980	354.00	1923.00	18.41
1985	798.00	3619.00	22.05
1990	1967.00	7662.00	25.67
1995	6045.00	20341.00	29.72
2000	7393.00	24916.00	29.67

年份	畜牧业总产值（亿元）	农林牧渔总产值（亿元）	占农业总产值比重（%）
2005	13311.00	39451.00	33.74
2010	20826.00	69320.00	30.04
2011	25771.00	81304.00	31.70

注：数据来源于《中国农村统计年鉴》（1979—2012 年），按当年价格计算。

　　人均畜禽产品占有量大幅提高。1979 年我国人均肉类占有量 10.89kg，2011 年达到 59.06kg，是 1979 年的 5.42 倍，年均增长率 5.43%，其中：1979 年猪肉人均占有量 10.27kg，2011 年达到 37.50kg，年均增长率 4.13%；牛肉人均占有量 0.24kg，2011 年达到 4.81kg，年均增长率 9.88%；羊肉人均占有量 0.39kg，2011 年达到 2.92kg，年均增长率 6.49%。1980 年全国牛奶人均占有量 1.16kg，2011 年达到 27.15kg，是 1980 年的 23.49 倍，年均增长率 10.72%。1980 年全国禽蛋人均占有量 2.60kg，2011 年达到 20.87kg，是 1980 年的 8.03 倍，年均增长率 6.95%。1985 年全国禽肉人均占有量 1.51kg，2011 年达到 12.68kg，是 1985 年的 8.38 倍，年均增长率 8.52%（见表 3-4）。

表 3-4　　　　　**1979—2011 年我国主要畜禽产品人均产量**　　　　单位：kg

年份	肉类	猪肉	牛肉	羊肉	牛奶	禽肉	禽蛋
1979	10.89	10.27	0.24	0.39	—	—	—
1980	12.21	11.49	0.27	0.45	1.16	—	2.60
1985	18.20	15.63	0.44	0.56	2.36	1.51	5.05
1990	24.99	19.95	1.10	0.93	3.64	2.82	6.95
1995	43.43	30.12	3.43	1.66	4.76	7.72	13.84
2000	48.33	31.81	4.20	2.16	6.53	9.53	15.51
2005	53.07	34.84	4.34	2.68	21.91	11.20	18.65

续表

年份	肉类	猪肉	牛肉	羊肉	牛奶	禽肉	禽蛋
2010	59.11	37.82	4.87	2.97	26.67	12.35	20.60
2011	59.06	37.50	4.81	2.92	27.15	12.68	20.87

注：肉类总产量数据来源于《中国农村统计年鉴》（1980—2012年），人均产量数据经计算得出；"—"表示数据缺失。

二　畜禽产品结构逐步优化

畜禽产品结构逐步优化，改变以猪肉消费占绝对主导的传统畜禽产品消费结构。肉类所占畜禽肉蛋奶总产量的比重由1980年的76.48%下降到2011年的55.16%，同期牛奶所占比重由1980年的7.24%上升到2011年的25.35%。在肉类产品结构中，猪肉占肉类的比重由1980年的94.08%下降到2011年的63.50%；牛肉比重由1980年的2.23%上升到2011年的8.14%；羊肉比重由1980年的3.69%上升到2011年的4.94%；禽肉比重由1985年的8.32%上升到2011年的21.47%（见表3-5）。

表3-5　　　　1980—2011年我国畜禽产品结构　　　单位:%

年份	肉类	牛奶	禽蛋	猪肉	牛肉	羊肉	禽肉
1980	76.48	7.24	16.28	94.08	2.23	3.69	—
1985	71.06	9.22	19.72	85.89	2.42	3.08	8.32
1990	70.24	10.22	19.54	79.84	4.40	3.74	11.30
1995	70.01	7.67	22.32	69.36	7.90	3.83	17.77
2000	68.69	9.28	22.04	65.81	8.70	4.47	19.71
2005	56.68	23.40	19.92	65.65	8.19	5.04	21.10
2010	55.56	25.07	19.37	63.98	8.24	5.03	20.89
2011	55.16	25.35	19.49	63.50	8.14	4.94	21.47

注：数据来源于《中国农村统计年鉴》（1981—2012年）。肉类、牛奶和禽蛋指标分别代表其占肉蛋奶总产量的比重；猪肉、牛肉、羊肉和禽肉指标分别代表其占肉类总产量的比重。

三　畜禽生产区域化、标准化和规模化水平提高

畜禽生产区域化布局形成。经过改革开放以来的发展，生猪、肉牛、奶牛、肉羊和家禽养殖的优势区域逐渐形成，在我国畜禽产品总产量中占主要份额。2011 年我国猪肉总产量 5053.13 万 t、牛肉总产量 647.49 万 t、羊肉总产量 393.10 万 t、牛奶产量 3657.85 万 t、禽蛋产量 2811.42 万 t、禽肉产量 1708.80 万 t。其中，猪肉产量在前 10 位的省区为：四川、河南、湖南、山东、湖北、广东、河北、云南、广西和安徽，合计产量 3169.02 万 t，占我国猪肉总产量的 62.71%；牛肉产量在前 10 位的省区为：河南、山东、河北、内蒙古、吉林、辽宁、黑龙江、新疆、云南和四川，合计产量 470.53 万 t，占我国牛肉总产量的 72.67%；羊肉产量在前 10 位的省区为：内蒙古、新疆、山东、河北、河南、四川、甘肃、安徽、云南和黑龙江，合计产量 297.66 万 t，占我国羊肉总产量的 75.72%；牛奶产量在前 10 位的省区为：内蒙古、黑龙江、河北、河南、山东、陕西、新疆、辽宁、宁夏和山西，合计产量 3051.76 万 t，占我国牛奶总产量的 83.43%；禽蛋产量在前 10 位的省区为：山东、河南、河北、辽宁、江苏、四川、湖北、安徽、黑龙江和吉林，合计产量 2206.02 万 t，占我国禽蛋总产量的 78.47%；禽肉产量在前 10 位的省区为：山东、广东、江苏、广西、辽宁、河南、安徽、四川、河北和吉林，合计产量 1247.40 万 t，占我国禽肉总产量的 73%。四川、河南和山东的猪肉、牛肉、羊肉、牛奶、禽蛋和禽肉产量均位于全国前 10 位，综合生产能力突出。

畜禽养殖标准化水平提高。2010 年，农业部印发《畜禽养殖标准化示范创建活动工作方案》（农办牧〔2010〕20 号），在全国生猪、奶牛、蛋鸡、肉鸡、肉牛和肉羊养殖的优势区域，按照"畜禽良种化、养殖设施化、生产规范化、防疫制度化和粪污无害化"的创建要求，通过集中培训、专家指导、现场考核等方式，对一定规模以上的畜禽养殖场

［生猪：能繁母猪存栏 300 头以上，育肥猪年出栏 5000 头以上；奶牛：存栏奶牛 200 头以上，并且配套挤奶站有《生鲜乳收购许可证》，运送生鲜乳车辆有《生鲜乳准运证明》；蛋鸡：产蛋鸡养殖规模（笼位）在 1 万只以上；肉鸡：年出栏量不低于 10 万只，单栋饲养量不低于 5000 只；肉牛：年出栏量在 500 头以上；肉羊：农区年出栏肉羊 500 只育肥场或存栏能繁母羊达 100 只以上的养殖场，牧区年出栏肉羊 1000 只育肥场或存栏能繁母羊 250 只以上的养殖场］开展畜禽养殖标准化示范创建。截至 2012 年底，共创建畜禽标准化示范场 3177 家，其中：生猪标准化示范场 1264 家，奶牛示范场 614 家，蛋鸡示范场 509 家，肉鸡示范场 330 家，肉牛示范场 125 家，肉羊示范场 230 家。畜禽标准化示范创建活动的开展，推动了我国畜禽标准化养殖水平和养殖效益的提高，示范带动效应明显，对畜牧科技成果的转化应用也有较大的推动作用。

畜禽规模化养殖水平提升。传统的畜禽散养模式难以满足人们对畜禽产品的消费需求，我国畜牧业正由传统的家庭副业向养殖专业户、养殖合作社、养殖企业等规模化饲养模式转变。规模化养殖投入品耗量大，多采用自繁自养模式，可有效降低原料、幼畜等采购成本，规模化养殖生产管理规范，有利于防控动物疫病和畜禽产品的质量安全，相对于散养模式，规模化养殖应对市场风险和疫病风险的能力较强，畜禽规模化养殖还有助于提高畜牧业产业化水平，是我国畜牧业发展的必然。2011 年，全国年出栏 500 头以上的生猪饲养规模场（户）238343 家，其中年出栏 5 万头的大型生猪养殖场 162 家；年存栏 2000 只以上的蛋鸡饲养规模场（户）276161 家，其中年存栏 50 万只的大型蛋鸡养殖场 23 家；年出栏 1 万只以上的肉鸡饲养规模场（户）1851261 家，其中年出栏 100 万只的大型肉鸡养殖场 309 家；年出栏 100 头以上的肉牛饲养规模场（户）28141 家，其中年出栏 1000 头以上的大型肉牛养殖场 940 家；年存栏 50 头以上的奶牛饲养规模场（户）31422 家，其中年存栏

1000 头以上的大型奶牛养殖场 1020 家；年出栏 100 头以上的羊饲养规模场（户）285945 家，其中年出栏 1000 头以上的大型羊养殖场 4760 家。根据农业部统计，2011 年生猪规模化养殖比重达到 66.8%，蛋鸡规模化养殖比重达到 78.8%。

四 畜牧推广技术体系完善，畜禽良种建设成效显著

畜牧技术推广体系日趋完善。我国已建立起省、地（市）、县（市）、乡镇四级畜牧业技术推广机构，涵盖畜牧、兽医、草原、饲料监察四大领域，形成了完善的畜牧技术推广体系。截至 2011 年底，全国建有省级畜牧站 34 个，在编职工 1689 人；地（市）级畜牧站 386 个，在编职工 6176 人；县（市）级畜牧站 3428 个，在编职工 53671 人。省级家畜繁育改良站 18 个，在编职工 691 人；地（市）级家畜繁育改良站 118 个，在编职工 2069 人；县（市）级家畜繁育改良站 1010 个，在编职工 8464 人。省级草原工作站 23 个，在编职工 867 人；地（市）级草原工作站 188 个，在编职工 1814 人；县（市）级草原工作站 1055 个，在编职工 8769 人。省级饲料监察所 26 个，在编职工 640 人；地（市）级饲料监察所 114 个，在编职工 1069 人；县（市）级饲料监察所 761 个，在编职工 6127 人。设立乡镇畜牧兽医站 33027 个，职工总数 212118 人。

畜禽良种建设成效显著。我国于 1998 年开始实施畜禽良种工程，截至 2011 年底，已建成种畜禽场 14494 个，其中：种牛场 466 个，年末存栏 591402 头；种马场 25 个，年末存栏 4651 匹；种猪场 8143 个，年末存栏 22297033 头；种羊场 1168 个，年末存栏 1929973 只；种蛋鸡场 1215 个，年末存栏 45342524 套；种肉鸡鸡场 1804 个，年末存栏 93725130 套；种鸭场 671 个，年末存栏 20889294 只；种鹅场 238 个，年末存栏 1926148 只；种兔场 528 个，年末存栏 2027521 只；种蜂场 72 个，年末存栏 83980 箱；种畜站 4760 个，其中：种公牛站 45 个，年末

存栏 2318 头；种公羊站 375 个，年末存栏 5758 只；种公猪站 4331 个，年末存栏 79247 头。畜禽原种场和扩繁场已基本覆盖全国畜禽生产区域，畜禽良种繁育体系基本建成，推动了我国畜禽良种化和畜禽产品质量的提高。

五　畜禽养殖企业集团涌现，畜牧业现代化水平提高

随着我国畜禽养殖规模化进程的加速，一大批大型畜禽养殖企业快速成长，既包括逐步发展壮大的畜禽养殖企业，也包括畜禽养殖产业链的上下游企业进入养殖行业，显著地提高了我国畜牧业现代化水平。

（一）逐步发展壮大的畜禽养殖企业

国内从养殖起家并发展壮大的有广东温氏、海南罗牛山、河南雏鹰农牧、河南牧原、武汉天种、河南北徐集团等大型畜禽养殖企业，已成为我国畜禽养殖行业的知名品牌。广东温氏食品集团有限公司创立于1983 年，总部位于广州市，最初由 7 户农民集资 8000 元起步，现已在全国 23 个省（市、自治区）建成近 160 家一体化公司，经营范围涉及畜禽养殖与良种繁育、饲料生产和食品加工等行业，是国家级的农业产业化重点龙头企业，2012 年，温氏集团生产肉鸡 8.65 亿只，肉猪813.9 万头，肉鸭 1437 万只，饲料 739.5 万 t，实现销售收入 335 亿元，温氏已成为我国畜牧业最具影响力的品牌。罗牛山股份有限公司成立于1993 年，公司总部位于海口市，1997 年在深交所上市，是我国首家"菜篮子"股份制上市公司，经过 20 多年的发展，罗牛山已成为海南省规模最大、配套产业体系最完备的畜牧业龙头企业，在海南 17 个市县建有 40 余个现代化畜牧养殖基地，年出栏优质种猪 6 万头、优质商品猪 50 万头。2002 年被评定为"国家级农业产业化重点龙头企业"，还被授予"全国养猪行业百强优秀企业"、"全国畜牧行业优秀企业"等荣誉称号。雏鹰农牧集团股份有限公司位于河南郑州，1988 年由 800

只鸡的家庭副业养鸡场开始创业，1994 年引进第一批纯种杜洛克和长白猪，2003 年注册成立河南雏鹰禽业发展有限公司，2008 年被认定为"国家级农业产业重点龙头企业"，2009 年开工建设年出栏 60 万头的生猪养殖产业化基地，2010 年雏鹰在深圳证券交易所成功上市，被业界誉为"中国养猪第一股"，公司员工 3000 人，拥有 10 余家分公司。在养殖环节，公司不断探索生态养殖新模式，在三门峡投建全国大型标准化生态养殖基地，在西藏林芝地区投建藏香猪生态养殖基地，形成了"高端藏香猪—生态猪—普通商品猪"的产品体系，已建立起种畜禽繁育、畜禽饲养、畜禽产品加工、饲料生产以及生物有机废弃物环保综合利用、绿色蔬菜种植等相关产业的循环经济产业体系和全程质量管控链条，2012 年度实现营业收入 15.83 亿元，实现净利润 3.02 亿元，公司销售生猪 148.96 万头，其中商品仔猪 117.14 万头，商品肉猪 26.92 万头，二元种猪 4.90 万头。牧原食品股份有限公司位于河南省南阳市内乡县，1992 年从饲养 22 头猪创业，截至 2011 年 12 月 31 日，公司已拥有 4 家全资子公司（邓州市牧原养殖有限公司、南阳市卧龙牧原养殖有限公司、湖北钟祥牧原养殖有限公司、山东曹县牧原农牧有限公司）、21 个养殖场和 1 个参股公司（河南龙大牧原肉食品有限公司），达到年出栏生猪约 105 万头的生产能力，形成了集饲料加工、生猪育种、种猪扩繁、商品猪饲养为一体的完整生猪产业链，并通过参股 40% 的河南龙大牧原肉食品有限公司，介入下游的生猪屠宰行业，2011 年度实现销售收入 11.34 亿元，净利润 3.57 亿元。截至 2011 年 12 月 31 日，公司种猪存栏 95924 头，其中核心种猪为 8566 头，居国内前列。公司于 2010 年被列为第一批国家生猪核心育种场，是我国较大的生猪育种企业。武汉天种畜牧股份有限公司前身为成立于 1970 年的湖北省黄陂县外贸良种场，是我国较早成立的种猪核心群育种场之一，经过 40 多年的发展，公司在湖北、湖南、福建、江西、河南等省投资建成 23 个种猪场，年出栏种猪 18 万头。公司引进杜洛克、大约克、长白三个世界著名瘦肉型优良品种，经过40多年来的生物育种等选育技术发掘种猪群的优良基因，已建立了完整的自繁自育体系，"天种牌"系列种猪被中国畜牧业协会评为中国品牌猪。北徐集团位于河南省漯河市临颍县，是北徐庄村创办的集体企业，改革开放以来依托粮食加工发展壮大，1998年建起年出栏生猪10万头的瘦肉型良种猪场，2003年新建年出栏30万头的种猪场，年出栏生猪达到40万头。2006年与江苏雨润集团合资，投资3亿元，日屠宰分割生猪5000头，年屠宰分割生猪150万—200万头。经过30多年的发展，北徐集团迅速成长为集粮食加工、饲料生产、生猪养殖、肉类加工和废弃物综合利用为一体的国家级农业产业化重点龙头企业和国家生猪饲养农业标准化示范区。

（二）畜禽养殖产业链上下游进入养殖行业

出于整合畜禽养殖产业链、降低生产成本、增强市场竞争力和提高市场利润的需要，近年来，国内畜禽养殖上下游产业链的企业纷纷投资畜禽养殖业，如养殖产业链上游的饲料、动保生产企业：新希望、正虹科技、宁波天邦、江西正邦和正大集团等；养殖产业链下游的屠宰和肉食品生产商：双汇发展、高金食品、雨润食品等，还有农牧业全产业链布局的中粮集团等。

2006年4月，新希望集团联合山东六和集团、加拿大海波尔公司签署种猪合作协议，三方在四川江油和山东海阳分别成立合资经营的海波尔种猪育种核心群猪场，开始进入畜禽养殖行业。2012年度，新希望集团公司销售各类鸭苗、鸡苗、商品鸡共计37265万只，销售种猪、仔猪、肥猪44.21万头，已建立11个奶源基地，10个直属奶牛场，拥有10万多头奶牛，液奶生产能力超过80万t。正大集团子公司宜昌正大畜牧有限公司，拥有8个种猪场（存栏基础母猪7000头）、127个标准化"550"模式代养场、3个大型售种场（存栏待售种猪7500头），年出栏种猪3.5万头、商品猪10.5万头。2008年7月，正大集团独资注册成立辽宁正大畜禽有限公司，公司注册资本金 1933 万美元，投资总额 5511 万美元，计划 5 年内投资 15 亿元人民币，兴建年出栏生猪 100 万头的产业链，并配备屠宰场及食品加工厂。2008 年正大集团在赣州市建立 100 万头生猪产业化项目，该项目的原种场无特定病源猪（SPF），投资额为 1 亿元。宁波天邦股份有限公司是以绿色环保型饲料的研发、生产、销售和技术服务为基础，集饲料原料开发、动物预防保健、标准化动物养殖技术和动物食品加工为一体的农业产业化国家重点龙头企业，2009 年被评为"全国饲料 50 强企业"。2008 年 12 月 31 日，天邦股份与安徽省巢湖市和县人民政府在上海签署的"百万头生猪养殖和深加工"项目合作意向书，注册成立安徽天邦猪业有限公司，规划建成年出栏 100 万头规模的商品猪现代化生产基地，并兴建与之配套的冷藏及深加工设施。双汇发展（河南双汇投资发展股份有限公司）是以肉类加工为主的大型食品集团，总部位于河南省漯河市，是我国最大的肉类加工企业，在 2010 年中国企业 500 强排序中列 160 位。双汇集团于 2004 年成立养殖事业部，目前养殖事业部下辖 7 个规模化养殖场，产销生猪 31 万头，根据双汇集团养殖业务拓展计划，2015 年双汇养殖事业部年出栏生猪将达到 183.2 万头。四川高金食品股份有限公司是我国西部地区最大的集优质生猪繁育、养殖示范、屠宰、分割、冷藏加工、鲜销连锁、罐头食品生产及猪肉制品深精加工于一体的国家级农业产业化经营重点龙头企业。2007 年 7 月 20 日，公司在深交所正式挂牌上市，成为了四川省自股权分置改革以来第一家上市企业。高金食品养殖事业部下属高金牧业、高金清见牧业和高金丹育牧业三家子公司，其中，高金牧业为股份制子公司，年出栏生猪 3 万多头；高金清见牧业成立于 2006 年 8 月，年出栏优质商品肉猪 1.2 万头；高金丹育生态猪业有限公司，是高金食品股份有限公司投资 1.1 亿元建设的全资子公司，引进丹麦和日本、欧洲先进的生猪养殖技术，实现了生猪养殖技术的集成创新，养殖基地位于遂宁市船山区唐家乡，占地近 500 亩，分两期建

设，基地建成后，可实现年产丹麦商品仔猪和祖代种猪场生产商品仔猪
64.55万头，年出栏丹麦优质商品育肥猪60万头以上。中粮集团是一
家集贸易、实业、金融、信息、服务和科研为一体的大型企业集团，横
跨农产品、食品、酒店、地产等众多领域，1994年以来，一直名列美
国《财富》杂志全球企业500强，2008年3月15日，中粮集团首个生
猪健康生态养殖项目在湖北武汉启动，中粮计划投资15亿元，通过
"中粮600模式"健康生态养殖项目，形成出栏生猪100万头，带动社
会规模化猪场出栏生猪100万头的生产能力，推动湖北省农村养猪由散
养向规模化发展，首批项目从武汉、黄石入手，总投资5.4亿元，建立
4万头原种猪场1个，4万头扩繁场2个，4万头父母代场6个，2个
100万头屠宰场。项目达产后，年提供优质种猪5万头，带动农户以
"中粮600模式"发展养猪，年出栏商品猪31万头。

第二节　我国畜牧业氮磷污染时空特征分析

一　研究方法与数据来源

本节根据环境承载力理论，运用土壤和水体环境对畜牧业氮磷排放
的承载能力衡量我国畜牧业氮磷排放对土壤和水体环境的污染程度。为
评估特定区域土壤和水体对畜牧业的承载能力，假定畜禽粪便不跨区域
流动。采用面板数据，选取土壤环境承载压力和水环境承载压力两项指
标测算1990—2011年我国及2011年国内各地区对畜牧业氮磷排放的环
境承载压力，由于数据的可得性和畜禽养殖规模较小等原因，港澳台地
区除外。本节基础数据来源于1991—2012年的《中国统计年鉴》和
《中国农村统计年鉴》，部分数据来源于《中国畜牧业年鉴》和《全国
农产品成本收益年鉴》，另行注明的除外。

（一）土壤环境承载压力测算方法

土壤环境承载压力是指一定时期内，某区域可承载土壤中氮、磷养分投入量所需要的土地面积与该区域可承载土地面积的比值。农业生产系统中氮、磷平衡状态，是决定作物产量、土壤肥力以及对农业环境影响的重要因素（陈敏鹏、陈吉宁，2007）。化肥和畜禽粪便是农业生产系统中养分输入的主要来源，作物移走和养分损失则是养分输出的主要途径。根据土壤表观养分平衡理论，良性的农业生产系统中氮、磷输入量与输出量应相等，即：氮/磷超载量＝作物移走氮/磷量－化肥氮/磷输入量－畜禽粪便氮/磷输入量。农业生产系统中氮、磷养分缺失会使土壤肥力不足，造成农作物减产；氮、磷养分盈余则会导致土壤养分流失，造成环境污染，养分盈余问题就会显现（Tamminga，2003）。综合考虑化肥使用、作物吸收和牧区畜禽粪便燃烧做燃料等因素，可得我国畜牧业土壤环境承载压力计算公式：

$$T = \frac{S_{required}}{S_{land}}; S_{required} = S_{land} + S_{surplus}; S_{surplus} = \frac{F_{surplus}}{f_{max}};$$

$$F_{surplus} = Y_{manure} + Y_{fertilizer} - Y_{crop} - Y_{pasture};$$

$$Y_{manure} = \sum_{i=1}^{m} Q_i \times r_i \times p_i - \sum_{i=1}^{t} M_i \times r_i \times p_i \times \rho;$$

$$Y_{crop} = \sum_{j=1}^{n} C_j \times \theta_j; Y_{pasture} = W \times S \times \eta \times \varepsilon$$

其中，T：区域土壤环境承载压力指数，根据土壤施肥的木桶效应原理，取土壤对氮、磷养分承载压力的最大值作为最终的土壤环境承载压力指数；$S_{required}$：承载土壤中氮、磷养分投入量所需要的土地面积；S_{land}：可用于承载土壤中氮、磷养分投入量的土地面积，包括耕地、园地和可利用草地；$S_{surplus}$：承载土壤中氮、磷养分盈余量所需要的土地面积；$F_{surplus}$：氮、磷养分盈余量；Y_{manure}：畜禽粪便中氮、磷养分含量；$Y_{fertilizer}$：化肥中氮、磷养分折纯量；Y_{crop}：农作物移走的氮、磷养分量；$Y_{pasture}$：饲草移走的氮、磷养分量；f_{max}：单位土地面积所能承载的氮、磷养分的最大量，假定每公顷土地承载的氮素为 225kg（环境保护部，2010）、磷素为 35kg（Oenema et al.，2004）[①]；i：畜禽类别；Q_i：第 i 种畜禽的存栏或出栏量（猪、肉牛、家禽采用出栏数据，役用牛、奶牛、马、驴、骡、羊采用存栏数据）（王方浩等，2006）[②]；r_i：i 类畜禽的粪便排泄系数；p_i：第 i 种畜禽的粪便的氮、磷养分含量（见表 3 - 6）；M_i：牧区、农牧交错区大牲畜（牛、马、驴、骡）存栏量；ρ：牧区、农牧交错区大牲畜粪便作为燃料直接燃烧的比例，本书取 $\rho = 0.2$（李国江，2007；刘刚、沈镭，2007）[③]；j：农作物类别；C_j：j 类农作物年产量；θ_j：j 类农作物 100kg 产量所需氮、磷养分量（见表 3 - 7）；W：草地鲜草产量，按 2482.62kg/hm^2 计算（毛留喜等，2008）[④]；S：可利用草地面积；η：单位饲草干物质含量，按经验数据 20% 折算；ε：饲草干物质中氮、磷养分含量，氮素按 1.6% 计算（中国羊网，2011）[⑤]、磷素按 0.3% 计算（中国爱畜牧人网，2010）[⑥]。若 $T > 1$，则土壤环境超载，区域土地资源不能完全消纳土壤中的氮、磷养分投入量，畜牧业对土壤环境造成污染；若 $T \leqslant 1$，则土壤环境不超载，区域土地资源能够消纳土壤中的氮、磷养分投入量，畜牧业对土壤环境不造成污染。

---

① Oenema O., Van Liere E., and Plette S., et al., "Environmental Effects of Manure Policy Options in the Netherlands", *Water Science and Technology*, Vol. 49, No. 3, 2004.

② 王方浩、马文奇、窦争霞、马林、刘小利：《中国畜禽粪便产生量估算及环境效应》，《中国环境科学》2006 年第 5 期。

③ 李国江：《安达地区家畜粪便处理的现状及有效利用》，《兽医导刊》2007 年第 12 期；刘刚、沈镭：《中国生物质能源的定量评价及其地理分布》，《自然资源学报》2007 年第 1 期。

④ 毛留喜、侯英雨、钱拴、李锡福、伏洋：《牧草产量的遥感估算与载畜能力研究》，《农业工程学报》2008 年第 8 期。

⑤ 中国羊网：《豆科牧草的经济价值》，http：//www. chinasheep. com/kxyyShow. asp？cid =6&sid =179，2011。

⑥ 中国爱畜牧人网：《常用饲料成分及营养价值表》，http：//www. xumuren. cn/thread - 234060 - 1 - 1. html，2010。

表 3 - 6　　　　　**单位饲养周期畜禽粪便排泄系数及其养分含量**

编号	畜禽种类	粪便排泄量（t/a）	总氮含量（%）	总磷含量（%）
1	猪	1.0547	0.238	0.074
2	役用牛	10.1	0.351	0.082
3	肉牛	7.7	0.351	0.082
4	奶牛	19.4	0.351	0.082
5	马	5.9	0.378	0.077
6	驴/骡	5.0	0.378	0.077
7	羊	0.87	1.014	0.220
8	家禽	0.032	1.250	0.940

注：数据1—6来自文献（王方浩等，2006）①，数据7—8来自文献（李飞、董锁成，2011）②。

表 3 - 7　　　　　　　　　**农作物及饲草养分含量**

编号	作物及牧草	单位	氮素含量（kg）	磷素含量（kg）
1	谷物	100kg	2.74	1.18
2	水果	100kg	0.51	0.18
3	蔬菜	100kg	0.40	0.19
4	豆类	100kg	5.15	1.33
5	薯类	100kg	0.43	0.19
6	棉花	100kg	5.00	1.80
7	花生	100kg	6.80	1.30
8	油菜籽	100kg	5.80	2.50
9	芝麻	100kg	8.23	2.07
10	甘蔗	100kg	0.38	0.04

① 王方浩、马文奇、窦争霞、马林、刘小利：《中国畜禽粪便产生量估算及环境效应》，《中国环境科学》2006 年第 5 期。

② 李飞、董锁成：《西部地区畜禽养殖污染负荷与资源化路径研究》，《资源科学》2011 年第 11 期。

续表

编号	作物及牧草	单位	氮素含量（kg）	磷素含量（kg）
11	甜菜	100kg	0.40	0.15
12	烟叶	100kg	4.10	0.70
13	茶叶	100kg	6.40	2.00
14	可利用草地	1hm²	7.94	1.49

注：数据 1—13 来自文献（沈其荣，2001）①，数据 14 经文献（王方浩等，2006；毛留喜等，2008；中国羊网，2011；中国爱畜牧人网，2010)② 核算而得。

（二）水环境承载压力测算方法

水环境承载压力是指在一定时期内，既定水质环境标准下，某区域畜禽粪便进入水体后所需用于稀释污染物的地表水资源总量与该区域可用于稀释污染物的地表水资源总量的比值。畜禽粪便入水率受自然条件、粪便处理方式和管理水平等因素的影响，暂时还无统一取值标准。结合国内已有研究（张维理等，2004；马林等，2006；张绪美等，2007）③，畜禽粪便入水率按 30% 计算，牧区、农牧交错区大牲畜粪便燃烧率按 20% 计算（李国江，2007；刘刚、沈镭，2007；毛留喜等，2008）④。参照《地面水环境质量标准》（GB 3838—2002）Ⅲ类标准（ COD：20mg/L，BOD$_5$：4mg/L，NH$_4^+$-N：1mg/L，TN：1mg/L，

---

① 沈其荣：《土壤肥料学通论》，高等教育出版社 2001 年版。

② 王方浩、马文奇、窦争霞、马林、刘小利：《中国畜禽粪便产生量估算及环境效应》，《中国环境科学》2006 年第 5 期；中国爱畜牧人网：《常用饲料成分及营养价值表》，http://www.xumuren.cn/thread-234060-1-1.html，2010。

③ 张维理、武淑霞、冀宏杰，Kolbe H.：《中国农业面源污染形势估计及控制对策Ⅰ：21 世纪初期中国农业面源污染的形势估计》，《中国农业科学》2004 年第 7 期；张绪美、董元华、王辉、沈旦：《中国畜禽养殖结构及其粪便 N 污染负荷特征分析》，《环境科学》2007 年第 6 期。

④ 李国江：《安达地区家畜粪便处理的现状及有效利用》，《兽医导刊》2007 年第 12 期；刘刚、沈镭：《中国生物质能源的定量评价及其地理分布》，《自然资源学报》2007 年第 1 期；毛留喜、侯英雨、钱拴、李锡福、伏洋：《牧草产量的遥感估算与载畜能力研究》，《农业工程学报》2008 年第 8 期。

TP：0.2mg/L），根据畜禽粪便中流入水体的各类污染物总量，用各类污染物的入水量分别除以既定环境标准下该类污染物的上限值，从而把各类污染物的排放量转化为既定水环境标准下稀释该类污染物所需要的地表水资源量，各类污染物所需要的地表水资源总量的最大值即为承载畜禽粪便所需要的地表水资源量，可得我国畜牧业水环境承载压力计算公式：

$$W = \frac{L_{required}}{L_{water}}; L_{required} = \text{Max}(\frac{C_i}{c_i})$$

其中，W：区域水环境承载压力指数；$L_{required}$：既定水环境标准下稀释畜禽粪便所需要的地表水资源量；L_{water}：可用于稀释畜禽粪便污染物的地表水资源总量，即可承载水资源总量（见表 3 - 8）；C_i：畜禽粪便排入水体中的 i 类污染物含量；c_i：既定水环境标准下 i 类污染物含量上限值。若 $W > 1$，则水体环境超载，排入水体的畜禽粪便超出区域地表水资源的承载能力，畜牧业对水体造成污染；若 $W \leq 1$，则水环境不超载，排入水体的畜禽粪便在区域地表水资源的承载范围内，畜牧业对水体不造成污染。

表 3 - 8　　　　　　　畜禽粪便污染物含量　　　　　　单位：kg/t

编号	类别	COD	TP	TN	BOD₅	NH₄⁺ - N
1	猪粪	52.00	3.41	5.88	57.03	3.08
2	猪尿	9.00	0.52	3.30	5.00	1.43
3	牛粪	31.00	1.18	4.37	25.53	1.71
4	牛尿	6.00	0.40	8.00	4.00	3.47
5	羊粪	4.60	2.60	7.50	4.10	0.80
6	禽粪	45.70	5.80	10.40	38.90	2.80

注：数据来源于原国家环境保护总局文件（环发〔2004〕43 号）。

二　研究结果与特征分析

（一）我国畜牧业环境承载压力时序特征分析

据计算，1990—2011 年的 22 年间衡量我国畜牧业环境承载压力的两项指数 T 和 W 均大于 1，表明我国畜牧业氮磷排放引起土壤和水体环境超载，已造成环境污染。从时序变化特征上看，两项指数总体上呈现出"上升—回落"的两阶段特征（见表 3-9）。1990—2006 年为上升阶段，T 值由 1.01 增至 1.15，增幅 13.86%；W 值由 1.07 增至 2.87，增幅 168.22%；2007—2011 年为回落阶段，T 值均呈现回落态势，W 值稍有波动。历年 W 值均大于 T 值，且 W 值在 2000 年之后始终保持在大于 2 的压力水平上，排入水体的畜禽粪便污染物已大大超过地表水资源的承载能力，水体超载已成为我国畜牧业发展面临的首要环境约束；历年 T 值均大于 1，但变动幅度较小，最大值仅为 1.15，较之水体超载状况，土壤超载程度相对较低。

表 3-9　　　**1990—2011 年我国畜牧业环境承载压力值**

年份	T	W
1990	1.01	1.07
1991	1.02	1.12
1992	1.03	1.21
1993	1.03	1.27
1994	1.06	1.48
1995	1.08	1.72
1996	1.08	1.91
1997	1.10	1.81
1998	1.07	1.82
1999	1.09	1.93
2000	1.11	2.05

续表

年份	T	W
2001	1.12	2.15
2002	1.12	2.13
2003	1.14	2.30
2004	1.13	2.75
2005	1.14	2.54
2006	1.15	2.87
2007	1.13	2.44
2008	1.13	2.54
2009	1.13	2.87
2010	1.11	2.27
2011	1.10	3.04

（二）我国畜牧业环境承载压力空间特征分析

据测算，2011 年我国大陆 31 个省区市的畜牧业除西藏自治区外均面临土壤和水体环境超载（见表 3 - 10）。其中：27 个省区市面临水环境超载，27 个省区市面临土壤环境超载，23 个省区市两项指数超标，7 个省区市一项指数超标。

表 3 - 10　　　**2011 年我国各省区市畜牧业环境承载压力值**

省区市	T	W	超载项数
北京	1.55	62.68	2
天津	2.35	65.51	2
河北	1.22	63.82	2
山西	1.14	14.34	2
内蒙古	1.00	12.55	2
辽宁	1.10	6.27	2

省区市	T	W	超载项数
吉林	0.93	3.18	1
黑龙江	0.78	2.63	1
上海	1.41	7.25	2
江苏	1.72	11.82	2
浙江	1.23	0.96	1
安徽	1.14	3.49	2
福建	1.66	0.79	1
江西	1.09	0.99	1
山东	1.38	37.60	2
河南	2.31	13.48	2
湖北	1.94	2.30	2
湖南	1.10	1.72	2
广东	1.94	2.23	2
广西	1.57	2.05	2
海南	1.32	1.32	2
重庆	1.35	2.92	2
四川	1.15	1.97	2
贵州	1.14	1.22	2
云南	1.13	1.11	2
西藏	0.97	0.19	0
陕西	1.22	1.65	2
甘肃	1.01	5.48	2
青海	0.98	1.00	1
宁夏	1.09	46.38	1
新疆	1.11	1.76	2
超载省份数	27	27	

2011 年，除东北地区畜牧业土壤环境承载压力未超标外，我国东部、中部、西部和东北四大地区的土壤环境承载压力和水环境超载压力均已超标，且东部和中部的土壤环境超载压力大于西部；东北地区畜牧业水环境承载压力最高，东部、中部次之，西部最低。牧区、农牧交错区和农区，除农牧交错区畜牧业土壤环境承载压力未超标外，土壤环境承载压力和水环境超载压力均已超标，且农区畜牧业土壤环境承载压力最高，牧区次之，农牧交错区最低；农牧交错区畜牧业水环境承载压力最高，农区次之，牧区最低。综合而言，水环境超载已成为各地区畜牧业发展面临的首要环境约束，土壤环境超载次之（见表 3-11）。

表 3-11　　　　　**2011 年我国不同地区畜牧业环境承载压力值**

环境压力指标	经济区划				畜牧业区划		
	东部	中部	西部	东北	牧区	农牧交错区	农区
T	1.458	1.464	1.048	0.895	1.010	0.974	1.368
W	2.662	2.637	1.483	3.869	0.999	2.963	2.717

注：（1）根据 2011 年国家统计局发布的经济区划，东部地区包括：北京、天津、河北、上海、江苏、浙江、福建、山东、广东和海南；中部地区包括：山西、安徽、江西、河南、湖北和湖南；西部地区包括：内蒙古、广西、重庆、四川、贵州、云南、西藏、陕西、甘肃、青海、宁夏和新疆；东北地区包括：辽宁、吉林和黑龙江。（2）根据中国畜牧业协会公布的畜牧业区划，我国牧区省区包括：内蒙古、西藏、青海和新疆；农牧交错区省区包括：辽宁、吉林、黑龙江、四川、甘肃和宁夏；农区省区市包括：北京、天津、河北、山西、上海、江苏、浙江、安徽、福建、江西、山东、河南、湖北、湖南、广东、广西、海南、重庆、贵州、云南和陕西。

第三节　我国畜牧业温室气体排放时空特征分析

一　研究方法与数据来源

生命周期评价是一种用于评估产品从原材料的获取、产品的生产直至产品使用后的处置整个生命周期对环境影响的技术和方法，生命周期评价方法为测算畜牧业温室气体排放提供了一种从系统的角度来分析问题的思路和评估方法。Williams 等（2006）[①] 对英国畜禽产品消费所产生的温室气体排放进行了全生命周期测算，将消费单位畜禽产品（鸡蛋、牛奶、牛肉、猪肉、羊肉和家禽）所产生的温室气体排放量乘以除进出口之外的英国畜禽产品消费总量，得出英国年畜禽产品消费产生的温室气体总排放量为 5750 万 t（以 CO_2 当量计），参照相关学者对整个英国消费品引起的温室气体排放量的研究，计算得到畜禽产品消费产生的温室气体排放量占整个英国消费品产生的温室气体排放总量的 7%—8%（Druckman et al.，2008；Jackson，2006）[②]。王效琴等（2012）[③] 运用生命周期评价方法分析了西安郊区某规模化奶牛场的温室气体排放特点和排放量，研究表明：该奶牛场温室气体排放主要来自奶牛肠道发酵、饲料生产与加工、粪便贮存，其排放量分别占排放总量的48.86%、18.97% 和 16.39%；主要排放的温室气体是 CH_4 和 N_2O，分别占总排放量的 55.56% 和 26.9%。孙亚男等（2010）[④] 运用生命周期分析思路，从组织层次上分析了河北保定某规模化奶牛场温室气体排放情况，研究表明：该奶牛场温室气体排放主要来自胃肠道发酵排放、土地利用系统和粪便管理系统，分别占总排放量的 46.5%、22.9% 和 19.6%。

① Williams A. G., Audsley E., and Sandars D. L., *Determining the Environmental Burdens and Resource Use in the Production of Agricultural and Horticultural Commodities*, Bedford：Cranfield University and Defra，2006.

② Druckman A.，Bradley P.，and Papathanasopoulou E.，et al.，"Measuring Progress towards Carbon Reduction in the UK"，*Ecological Economics*，Vol. 66，No. 4，2008；Jackson T.，"Attributing Carbon Emissions to Functional Household Needs：A Pilot Framework for the UK"，*Paper Presented at the Ecomod Conference*，Brussels，2006.

③ 王效琴、梁东丽、王旭东：《运用生命周期评价方法评估奶牛养殖系统温室气体排放量》，《农业工程学报》2012 年第 13 期。

④ 孙亚男、刘继军、马宗虎：《规模化奶牛场温室气体排放量评估》，《农业工程学报》2010 年第 6 期。

本节基于生命周期评价方法，选取家畜胃肠道发酵、粪便管理系统、畜禽饲养环节耗能、饲料粮种植、饲料粮运输加工和畜禽产品屠宰加工六大环节，采用面板数据测算 1990—2011 年我国及 2011 年国内各地区畜牧业全生命周期温室气体排放量，进一步分析我国畜牧业温室气体排放的时序、结构与区域特征。由于数据的可得性和畜牧养殖规模较小等原因，港澳台地区除外。本节基础数据来源于 1991—2012 年的《中国统计年鉴》和《中国农村统计年鉴》，部分数据来源于《中国畜牧业年鉴》和《全国农产品成本收益年鉴》，另行注明的除外。

（一）直接的温室气体排放测算

畜牧业直接的温室气体排放来源于畜禽饲养环节，主要包括家畜胃肠道发酵、粪便管理系统和畜禽饲养环节耗能 3 个环节。由于畜禽养殖过程中的繁殖和屠宰会引起年度内养殖数量的波动，为更加准确地估算各类畜禽的温室气体排放量，本书根据各类畜禽的生产周期对其年存出栏数据进行调整，再根据该类畜禽的年均饲养量估算其温室气体排放量。当畜禽生产周期大于或等于 1a 时，将该类畜禽的年末存栏数量作为年均饲养量；当畜禽生产周期小于 1a 时，采用年出栏数据作为年均饲养量，计算年均饲养量，计算公式如下：

$$APP = \begin{cases} Herds_{end}, if: Days_{live} \geqslant 1year \\ Days_{live} \cdot (\dfrac{NAPA}{365}), if: Days_{live} < 1year \end{cases}$$

其中，APP：畜禽年均饲养量；$Herds_{end}$：年末存栏量（头/只）；$NAPA$：年畜禽出栏量（头/只）；$Days_{live}$：畜禽平均饲养周期（d）。家畜胃肠道发酵和粪便管理系统排放的温室气体排放测算借鉴胡向东、王济民（2010）[①] 的计算方法。

---

① 胡向东、王济民：《中国畜禽温室气体排放量估算》，《农业工程学报》2010 年第 10 期。

（1）家畜胃肠道发酵产生的 CH_4 排放

家畜胃肠道发酵产生的 CH_4 排放量与家畜的消化道类型、年龄和体重以及所采食饲料的质量和数量等因素有关。反刍家畜（牛、羊）的瘤胃是 CH_4 的主要来源，非反刍牲畜（马、骡、驴）和单胃牲畜（猪）产生相对较低的 CH_4 排放，因为在其消化系统中产生的 CH_4 的发酵较少。因禽类胃肠发酵 CH_4 排放量极微，本书不予考虑。家畜胃肠道发酵产生的 CH_4 排放量计算公式如下：

$$E_{gt} = \sum_{i=1}^{n} APP_i \cdot ef_{i1}$$

其中，E_{gt}：家畜胃肠道发酵的 CH_4 排放量；i：家畜类别；APP_i：i 类家畜平均饲养量；ef_{i1}：i 类家畜胃肠道发酵 CH_4 排放因子（见表 3 - 12）。

（2）粪便管理系统产生的 CH_4 排放

粪便管理系统产生的 CH_4 排放量取决于畜禽粪便排放量和粪便厌氧降解的比例。在粪便的储存和管理过程中，厌氧条件下粪便的降解会产生 CH_4。尤其是在集约化的畜禽养殖场，粪便排放量大，且多在化粪池、池塘、粪池或粪坑等液基系统中储存或管理，由此形成了厌氧环境，使得粪便降解产生大量 CH_4。反之，当粪便以固体形式堆积或堆放处理时，粪便趋于在更加耗氧的条件下进行降解，产生的 CH_4 较少。粪便管理系统产生的 CH_4 排放量计算公式如下：

$$E_{mc} = \sum_{i=1}^{n} APP_i \cdot ef_{i2}$$

其中，E_{mc}：畜禽粪便管理系统 CH_4 排放量；i：畜禽养殖类别；APP_i：i 类畜禽平均饲养量；ef_{i2}：i 类畜禽粪便管理系统 CH_4 排放因子（见表 3 - 12）。

（3）粪便管理系统产生的 N_2O 排放

粪便管理系统排放的 N_2O 源于畜禽粪便中氮素的硝化与反硝化作用。硝化作用是指畜禽粪便中的蛋白质水解产生氨基酸，再经微生物作用氨化分解产生氨气，氨气遇水产生 NH_4^+，NH_4^+ 通过一系列的中间反应形成 NO_3，同时某些中间体自身化学分解产生 N_2O。而反硝化作用是指在通气不良的条件下，将 NO_3 作为电子受体进行呼吸代谢产生 N_2O（覃春富等，2011）[①]。粪便管理系统产生的 N_2O 排放量计算公式如下：

$$E_{md} = \sum_{i=1}^{n} APP_i \cdot ef_{i3}$$

其中，E_{md}：畜禽粪便管理系统 N_2O 排放量；i：畜禽养殖类别；APP_i：i 类畜禽平均饲养量；ef_{i3}：i 类畜禽粪便管理系统 N_2O 排放因子（见表 3-12）。

表 3-12　　畜禽胃肠发酵和粪便管理系统的温室气体排放因子

畜禽品种	CH_4（kg/头·a）		N_2O（kg/头·a）
	胃肠发酵	粪便管理	粪便管理
生猪	1.00	3.50	0.53
黄牛	47.80	1.00	1.39
奶牛	68.00	16.00	1.00
水牛	55.00	2.00	1.34
马	18.00	1.64	1.39
驴	10.00	0.90	1.39
骡	10.00	0.90	1.39
羊	5.00	0.16	0.33
禽类	0.00	0.02	0.02

注：参数来源于文献（胡向东、王济民，2010）[②]。

---

① 覃春富、张佩华、张继红、张养东、周振峰：《畜牧业温室气体排放机制及其减排研究进展》，《中国畜牧兽医》2011 年第 11 期。

② 胡向东、王济民：《中国畜禽温室气体排放量估算》，《农业工程学报》2010 年第 10 期。

（4）畜禽饲养环节的 CO_2 排放

畜禽饲养过程中机械设备运转、栏舍防寒保暖和生产照明等环节需要消耗电力、煤炭等能源，生产过程中的能源消耗也直接产生温室气体排放。畜禽饲养环节生产耗能产生的 CO_2 排放量计算公式如下：

$$E_{ME} = \sum_{i=1}^{n} NAPA_i \cdot \frac{cost_{ie}}{price_e} \cdot ef_e + \sum_{i=1}^{n} NAPA_i \cdot \frac{cost_{ic}}{price_c} \cdot ef_c$$

其中，E_{ME}：畜禽生产耗能引起的 CO_2 排放量；i：畜禽养殖类别；$NAPA_i$：i 类畜禽年生产量；$cost_{ie}$：i 类畜禽每头（只）用电支出，参照《全国农产品成本收益资料汇编》；$price_e$：畜禽养殖用电单价，参照 2008 年国家发展和改革委员会发布的《关于提高华北、东北、华东、华中、西北和南方电网电价的通知》（发改价格〔2008〕1677、1678、1679、1680、1681 和 1682 号文），各省区市农业用电价格按均价 0.4275 元/kW·h 估算；ef_e：电能消耗的 CO_2 排放因子，参照国家发展和改革委员会气候司发布的《2012 中国区域电网基准线排放因子》对六大区域电网的 OM 算法值取均值，ef_e = 0.9734t CO_2/MW·h（见表 3 - 13）；$cost_{ic}$：i 类畜禽每头（只）用煤支出，参照历年《全国农产品成本收益资料汇编》；$price_c$：畜禽养殖用煤单价，养殖场用煤用途多为取暖，取暖煤并无统一价格，按 800 元/t 估算；ef_c：燃煤消耗的 CO_2 排放因子，参照《中国能源统计年鉴 2008》和 IPCC（2006 第二卷第 1 章表 1.2、表 1.4），煤炭排放因子按 1.98t/t 计算（孙亚男等，2010）[①]。

表 3 - 13　　　　　2012 年中国区域电网基准线排放因子

电网	基于 OM 算法的年排放因子 （t CO_2/MW·h）	基于 BM 算法的年排放因子 （t CO_2/MW·h）
华北区域电网	1.0021	0.5940

---

① 孙亚男、刘继军、马宗虎：《规模化奶牛场温室气体排放量评估》，《农业工程学报》2010 年第 6 期。

电网	基于 OM 算法的年排放因子 （t CO_2/MW · h）	基于 BM 算法的年排放因子 （t CO_2/MW · h）
东北区域电网	1.0935	0.6104
华东区域电网	0.8244	0.6889
华中区域电网	0.9944	0.4733
西北区域电网	0.9913	0.5398
南方区域电网	0.9344	0.3791
均值	0.9734	0.5476

注：（1）基于 OM 算法的年排放因子为 2008—2010 年 5 年间电量边际排放因子的加权平均值；基于 BM 算法的年排放因子为截至 2010 年的容量边际排放因子；（2）以上结果以公开的上网电厂的汇总数据为基础计算得出。

数据来源：http：//bbs. pinggu. org/thread – 2117710 – 1 – 1. html。

（二）间接的温室气体排放测算

畜牧业间接的温室气体排放来源于与畜禽饲养相关的上下游产业链，主要包括饲料粮种植、饲料粮运输加工和畜禽产品屠宰 3 个环节。

（1）饲料粮种植产生的 CO_2 排放

玉米、大豆和小麦是畜禽饲料的主要来源，饲料粮种植过程中农药、化肥、能源、农膜等投入及其他生产活动所产生的温室气体排放应计入畜牧业间接的温室气体排放。饲料粮种植环节产生的 CO_2 排放量计算公式如下：

$$E_{FE} = \sum_{i=1}^{n} Q_i \cdot t_i \cdot q_j \cdot ef_{j1}$$

其中，E_{FE}：畜禽生产消耗的饲料粮种植环节所引起的 CO_2 排放量；Q_i：i 类畜禽产品年产量，包括猪肉、牛肉、羊肉、禽肉、牛奶和禽蛋；

t_i：单位畜禽产品耗粮系数（数据来源：《中国农村统计年鉴》《全国农产品成本收益资料汇编》）；q_j：i 类畜禽饲料配方中 j 类粮食所占比重，包括玉米、大豆和小麦，其中：猪的精饲料中玉米占 56.15%；牛的精饲料中玉米占 37%，豆饼等饼类占 14.6%；羊的精饲料中玉米占 62.61%，豆饼等饼类占 12.89%；肉鸡的精饲料中玉米占 57%，小麦占 5%，豆饼等饼类占 17%；蛋鸡的精饲料中玉米占 63.28%，豆饼等饼类占 13.98%；奶牛的精饲料中玉米占 46.79%，豆饼等饼类占 28.65%（谢鸿宇等，2009）；ef_{j1}：j 类粮食的 CO_2 当量（CO_2e）排放系数，玉米排放系数为 1.5t/t，小麦排放系数为 1.22t/t（谭秋成，2011），豆饼是大豆在经过第一次处理提取之后的副产品，大豆种植的温室气体排放在畜牧业中不予计算。

（2）饲料粮运输加工产生的 CO_2 排放

经种植环节生产出玉米、大豆、小麦等饲料原料，需经过运输、清理、筛选、粉碎、配料、混合、制粒、挤压膨化等工艺才能制成饲料，该环节消耗能源所排放的温室气体也应计入畜牧业间接的温室气体排放。饲料粮运输加工环节产生的 CO_2 排放量计算公式如下：

$$E_{GP} = \sum_{i=1}^{n} Q_i \cdot t_i \cdot q_j \cdot ef_{j2}$$

其中，E_{GP}：畜禽生产消耗的饲料粮运输加工环节产生的 CO_2 排放量；Q_i：i 类畜禽产品年产量，包括猪肉、牛肉、羊肉、禽肉、牛奶和禽蛋；t_i：单位畜禽产品耗粮系数（数据来源：《中国农村统计年鉴》《全国农产品成本收益资料汇编》）；i 类畜禽产品粮食消耗量；q_j：i 类畜禽饲料配方中 j 类粮食所占比重，包括玉米、大豆和小麦，各类畜禽的精饲料配方按谢鸿宇等（2009）[①] 所提供的配方；ef_{j2}：j 类粮食运输加工环节的 CO_2 当量排放因子，根据 2006 年联合国粮农组织发布的《畜牧业

[①]　谢鸿宇、陈贤生、杨木壮、招华庆、赵美婵：《中国单位畜牧产品生态足迹分析》，《生态学报》2009 年第 6 期。

长长的阴影——环境问题与解决方案》第 3 章表 3. 10 提供的数据整理得出（Steinfeld et al. ，2006）[①]，用于畜禽饲料的玉米、大豆、小麦的单位产品加工运输环节中 CO_2 当量排放系数分别为 0. 0102、0. 1013 和 0. 0319t/t。

（3）畜禽屠宰加工产生的 CO_2 排放

畜禽活体经屠宰加工后进入市场流通成为消费品，畜禽屠宰加工环节的能源消耗所产生的温室气体排放属于畜牧业间接的温室气体排放。畜禽屠宰加工环节产生的 CO_2 排放量计算公式如下：

$$E_{SP} = \sum_{i=1}^{n} Q_i \cdot \frac{MJ_i}{e_n} \cdot ef_e$$

其中，E_{SP}：畜禽屠宰加工环节产生的 CO_2 排放量；Q_i：i 类畜禽产品年产量，包括猪肉、牛肉、羊肉、禽肉、牛奶和禽蛋；MJ_i：单位畜禽产品屠宰加工能耗，猪肉、牛肉、羊肉、禽肉、牛奶和禽蛋的屠宰加工耗能系数分别为 3. 76MJ · kg^{-1}、4. 37MJ · kg^{-1}、10. 4MJ · kg^{-1}、2. 59MJ · kg^{-1}、1. 12MJ · kg^{-1} 和 8. 16MJ · kg^{-1}（Sainz，2003）[②]；e_n：一度电的热值，e_n = 3. 6MJ；ef_e：电能消耗的 CO_2 排放因子，参照《2012 中国区域电网基准线排放因子》中六大区域电网的 OM 算法值取均值，ef_e = 0. 9734t CO_2/MW · h。

（三）畜牧业温室气体总排放量

以 CO_2 当量计算，中国畜牧业全生命周期温室气体排放计算公式如下：

$$E_{Total} = E_{GT} + E_{CD} + E_{ME} + E_{FE} + E_{GP} + E_{SP}$$

① Steinfeld H. ，Gerber P. ，and Wassenaar T. ，et al. ，"Livestock's Long Shadow：Environmental Issues and Options"，*Livestocks Long Shadow Environmental Issues & Options*，Vol. 16，No. 1，2006.

② Sainz R. D. ，"Livestock – environment Initiative Fossil Fuels Component：Framework for Calculating Fossil Fuel Use in Livestock Systems"，http：//www. fao. org/ag/againfo/programmes/pt/lead/toolbox/Fossils/fossil. pdf，2003.

$$= E_{gt} \cdot GWP_{CH_4} + (E_{mc} \cdot GWP_{CH_4} + E_{md} \cdot GWP_{N_2O}) +$$

$$E_{ME} + E_{FE} + E_{GP} + E_{SP}$$

其中，E_{Total}：以 CO_2 当量计算的畜牧业全生命周期温室气体总排放量；E_{GT}：家畜胃肠道发酵的 CO_2 当量排放量；E_{MN}：畜禽粪便管理系统 CO_2 当量排放量；E_{gt}：家畜胃肠道发酵 CH_4 排放量；E_{mc}：畜禽粪便管理系统 CH_4 排放量；E_{md}：畜禽粪便管理系统 N_2O 排放量；E_{ME}：畜禽生产耗能产生的 CO_2 排放量；E_{FE}：畜禽生产所消耗的饲料粮所引起的 CO_2 排放量；E_{GP}：饲料粮加工运输环节产生的 CO_2 排放量；E_{SP}：畜禽屠宰加工环节产生的 CO_2 排放量；GWP_{CH_4}：CH_4 全球升温潜能值，取 21（孙亚男等，2010）[1]；GWP_{N_2O}：N_2O 全球升温潜能值，取 310（孙亚男等，2010）[2]。

二　研究结果与特征分析

（一）我国畜牧业全生命周期温室气体排放时序特征

1990—2011 年的 22 年间，我国畜牧业全生命周期及各个环节的 CO_2 当量排放量均呈现上升的趋势。畜牧业全生命周期 CO_2 当量总排放量（E_{Total}）年均增长率为 2.22%，家畜胃肠道发酵（E_{GT}）、粪便管理系统（E_{CD}）、饲养环节耗能（E_{ME}）、饲料粮种植（E_{FE}）、饲料粮运输加工（E_{GP}）和畜禽屠宰加工（E_{SP}）各环节 CO_2 当量排放量年均增长率分别为 0.47%、1.89%、5.10%、5.45%、5.67% 和 5.67%，其中 E_{GT} 和 E_{CD} 的年均增长率显著低于 E_{ME}、E_{FE}、E_{GP} 和 E_{SP} 的年均增长率。历年畜牧业全生命周期温室气体排放强度呈现逐年下降趋势，年均下降率 4.96%（见表 3 - 14）。

---

① 孙亚男、刘继军、马宗虎：《规模化奶牛场温室气体排放量评估》，《农业工程学报》2010 年第 6 期。

② 同上。

表 3 - 14　　**1990—2011 年我国畜牧业全生命周期 CO$_2$ 当量排放量**

及排放强度　　　　　　　　单位：10^4 t，t/10^4 元

年度	E_{Total}	E_{GT}	E_{CD}	E_{ME}	E_{FE}	E_{GP}	E_{SP}	P_N
1990	32111.38	14064.76	12417.58	960.31	4527.25	136.61	4.87	16.33
1991	32769.22	13961.06	12608.04	1008.70	5033.97	151.99	5.46	15.31
1992	34588.13	14600.52	13227.76	1094.63	5493.25	165.99	5.96	14.85
1993	36832.97	15278.12	13988.62	1210.00	6163.33	186.19	6.72	14.28
1994	38978.93	16202.95	15191.48	1384.50	6007.99	186.05	5.95	12.95
1995	45465.51	17464.07	16813.68	1593.14	9305.63	279.70	9.30	13.15
1996	48371.37	18628.08	18155.10	1760.26	9529.02	288.27	10.64	12.56
1997	41552.50	15331.51	15407.99	1503.23	9027.52	271.98	10.26	9.80
1998	46141.22	16633.17	16625.76	2100.42	10457.26	314.01	10.60	10.13
1999	46945.58	16872.28	17059.86	2043.90	10637.95	320.50	11.08	9.86
2000	46399.19	17291.57	17451.72	1697.63	9655.22	291.51	11.54	9.17
2001	47157.95	17329.87	17761.25	1740.33	10010.78	303.68	12.04	8.77
2002	48806.66	17832.30	18313.64	1673.16	10649.32	325.56	12.68	8.56
2003	50924.24	18649.54	19150.93	1942.91	10834.03	333.28	13.54	8.33
2004	53726.97	19428.81	19987.94	2013.54	11913.39	368.95	14.34	8.19
2005	55749.63	19539.86	20673.31	2247.77	12870.80	402.23	15.65	7.88
2006	56366.88	19504.23	20885.18	2512.00	13040.29	409.16	16.01	7.59
2007	46910.94	15499.52	17105.13	2249.30	11672.25	370.91	13.82	6.18
2008	44098.37	12568.15	16385.97	2312.20	12423.89	393.55	14.60	5.44
2009	50185.45	16015.18	18275.23	2357.83	13107.55	414.62	15.05	5.85
2010	51095.57	15801.92	18526.92	2614.69	13703.67	432.98	15.39	5.72
2011	50877.15	15521.11	18386.63	2727.64	13791.16	435.09	15.52	5.60
年均增长率（%）	2.22	0.47	1.89	5.10	5.45	5.67	5.67	-4.96

注：为便于横向比较历年畜牧业全生命周期温室气体排放强度，取 P_N = E_{Total}/V_N（P_N：历年全国畜牧业 CO$_2$ 当量排放强度；E_{Total}：历年全国畜牧业 CO$_2$ 当量排放总量，万 t；V_N：以 1990 年不变价格计算的历年全国畜牧业产值，亿元）。

（二）我国畜牧业全生命周期温室气体排放的结构特征

（1）各环节温室气体排放所占比例

e_{GT}、e_{CD}、e_{ME}、e_{FE}、e_{GP} 和 e_{SP} 分别代表家畜胃肠道发酵、粪便管理系统、饲养环节耗能、饲料粮种植、饲料粮运输加工和畜禽屠宰加工六大环节 CO_2 排放当量占我国畜牧业全生命周期 CO_2 当量排放总量的比例。22 年间，e_{GT} 和 e_{CD} 呈现下降趋势，年均增长率分别为 -1.71% 和 -0.32%，而 e_{ME}、e_{FE}、e_{GP} 和 e_{SP} 却呈现上升趋势，年均增长率分别为 2.82%、3.16%、3.38% 和 3.38%，但 22 年间 e_{GP} 和 e_{SP} 所占比重分别低于 1% 和 0.05%（见表 3 - 15）。

表 3 - 15　　**1990—2011 年我国畜牧业各环节 CO_2 当量排放量占总排放量的比例**　　单位:%

年度	e_{GT}	e_{CD}	e_{ME}	e_{FE}	e_{GP}	e_{SP}
1990	43.80	38.67	2.99	14.10	0.43	0.02
1991	42.60	38.48	3.08	15.36	0.46	0.02
1992	42.21	38.24	3.16	15.88	0.48	0.02
1993	41.48	37.98	3.29	16.73	0.51	0.02
1994	41.57	38.97	3.55	15.41	0.48	0.02
1995	38.41	36.98	3.50	20.47	0.62	0.02
1996	38.51	37.53	3.64	19.70	0.60	0.02
1997	36.90	37.08	3.62	21.73	0.65	0.02
1998	36.05	36.03	4.55	22.66	0.68	0.02
1999	35.94	36.34	4.35	22.66	0.68	0.02
2000	37.27	37.61	3.66	20.81	0.63	0.02
2001	36.75	37.66	3.69	21.23	0.64	0.03
2002	36.54	37.52	3.43	21.82	0.67	0.03
2003	36.62	37.61	3.82	21.27	0.65	0.03
2004	36.16	37.20	3.75	22.17	0.69	0.03

续表

年度	e_{GT}	e_{CD}	e_{ME}	e_{FE}	e_{GP}	e_{SP}
2005	35.05	37.08	4.03	23.09	0.72	0.03
2006	34.60	37.05	4.46	23.13	0.73	0.03
2007	33.04	36.46	4.79	24.88	0.79	0.03
2008	28.50	37.16	5.24	28.17	0.89	0.03
2009	31.91	36.42	4.70	26.12	0.83	0.03
2010	30.93	36.26	5.12	26.82	0.85	0.03
2011	30.51	36.14	5.36	27.11	0.86	0.03
年均增长率	-1.71	-0.32	2.82	3.16	3.38	3.38

（2）不同畜禽类别温室气体排放所占比例

畜禽可分为牛（肉牛、奶牛、役用牛）、猪、羊（肉羊）、家禽（肉禽、蛋禽）和大牲畜（马、驴、骡）五大类，根据 1990—2011 年各畜禽类别 CO_2 当量排放量占我国畜牧业全生命周期排放总量的比例分析（见表 3-16）：22 年间，我国猪、牛、羊的 CO_2 当量排放量所占比例相对平稳，家禽的排放比例呈上升趋势，大牲畜的排放比例呈下降趋势；猪、牛、羊、家禽和大牲畜的 CO_2 当量排放量占我国畜牧业全生命周期排放总量的平均比例分别为 28.98%、41.64%、13.61%、12.13% 和 3.64%，牛类养殖引起的 CO_2 当量排放占主导。反刍家畜（牛和羊）总排放量占 55.25%，非反刍畜禽（猪、家禽和大牲畜）总排放量占 44.75%。

表 3-16　**1990—2011 年我国畜牧业各畜禽类别 CO_2 当量排放量**

占总排放量的比例　　　　　单位：%

年度	猪	牛	羊	家禽	大牲畜
1990	24.16	49.54	14.13	6.06	6.10
1991	25.26	48.25	13.62	6.90	5.97

年度	猪	牛	羊	家禽	大牲畜
1992	25.63	48.37	12.98	7.42	5.61
1993	25.96	47.68	12.79	8.36	5.22
1994	27.39	47.55	13.40	6.70	4.96
1995	27.37	43.52	13.26	11.65	4.21
1996	27.68	43.52	13.69	11.13	3.98
1997	27.61	41.12	13.43	13.75	4.10
1998	30.01	40.56	12.67	13.08	3.69
1999	29.40	40.36	12.85	13.81	3.57
2000	28.23	41.91	13.58	12.73	3.55
2001	29.05	41.30	13.74	12.58	3.32
2002	28.90	41.00	14.04	12.95	3.11
2003	28.81	41.36	14.66	12.29	2.88
2004	28.59	40.95	14.91	12.92	2.63
2005	29.22	40.16	14.78	13.37	2.47
2006	29.96	39.90	14.53	13.27	2.34
2007	30.39	38.68	13.81	14.47	2.65
2008	34.86	31.40	14.55	16.43	2.75
2009	32.44	37.05	12.89	15.26	2.36
2010	33.41	36.24	12.51	15.55	2.29
2011	33.30	35.56	12.63	16.22	2.29
平均比例	28.98	41.64	13.61	12.13	3.64

（三）我国畜牧业全生命周期温室气体排放的区域特征

从排放总量看，2011 年我国各省区市畜牧业全生命周期 CO_2 当量排放量居前 10 位的依次为河南、四川、山东、内蒙古、河北、云南、湖南、辽宁、广东和湖北（见表 3 - 17）；东部、中部、西部和东北地区畜牧业全生命周期 CO_2 当量排放量分别占全国的 24.88%、24.19%、34.12% 和 11.31%，西部地区所占比重最大（见表 3-18）；农区、牧区和农牧交错区畜牧业全生命周期 CO_2 当量排放量分别占全国的 63.88%、14.07% 和 22.59%，农区排放占主导（见表 3-18）。

表 3-17　**2011 年我国各省区市畜牧业全生命周期 CO_2 当量排放量**

及排放强度　　　　单位：10^4t，$t/10^4$ 元

省区市	E_{Total}	E_{GT}	E_{CD}	E_{ME}	E_{FE}	E_{GP}	E_{SP}	P_S
北京	236.73	56.11	51.69	41.95	83.99	2.90	0.10	1.45
天津	224.92	64.48	53.04	18.53	85.80	2.97	0.11	2.28
河北	2700.81	912.97	676.19	134.76	945.01	30.53	1.34	1.61
山西	668.14	241.06	193.97	27.47	199.24	6.14	0.26	2.26
内蒙古	3078.54	1535.11	955.94	103.77	463.18	19.75	0.78	3.08
辽宁	2318.34	667.40	605.08	158.33	860.27	26.22	1.04	1.52
吉林	1508.42	597.93	425.85	67.70	403.77	12.71	0.46	1.40
黑龙江	1927.17	873.86	474.52	95.23	465.98	16.96	0.62	1.62
上海	128.87	28.94	32.60	21.26	44.54	1.48	0.05	1.66
江苏	1496.18	251.34	393.14	121.99	707.82	21.09	0.79	1.26
浙江	701.59	137.21	214.27	63.26	278.18	8.39	0.28	1.28
安徽	1494.15	369.62	429.78	109.07	567.96	17.08	0.65	1.38
福建	792.31	194.84	234.95	52.09	301.07	9.12	0.24	1.65
江西	1428.39	460.01	422.18	85.02	447.24	13.57	0.39	1.95
山东	4004.05	1074.28	964.52	513.97	1406.42	43.19	1.67	1.84
河南	4283.67	1586.02	1164.60	251.31	1241.46	38.67	1.61	1.95
湖北	1967.73	603.25	568.78	116.76	658.58	19.67	0.69	1.63
湖南	2463.44	819.21	770.28	110.07	741.04	22.13	0.71	1.73
广东	2018.45	464.74	535.14	283.48	712.67	21.94	0.47	1.76
广西	1933.16	723.10	584.32	74.21	534.54	16.57	0.41	1.76
海南	355.06	135.26	104.32	18.49	94.01	2.90	0.07	1.71

续表

省区市	E_{Total}	E_{GT}	E_{CD}	E_{ME}	E_{FE}	E_{GP}	E_{SP}	P_S
重庆	938.08	263.02	272.66	100.96	292.37	8.79	0.27	2.21
四川	4030.13	1678.02	1313.00	170.85	841.62	25.65	1.00	1.89
贵州	1385.28	663.46	419.82	47.27	246.96	7.56	0.22	3.63
云南	2466.83	1092.79	772.97	136.71	449.75	14.21	0.41	3.05
西藏	1369.82	873.69	448.25	26.90	20.01	0.93	0.05	25.31
陕西	813.25	317.03	232.81	43.72	212.24	7.19	0.26	1.47
甘肃	1368.89	728.26	490.69	35.28	110.74	3.63	0.15	6.50
青海	1089.17	658.76	367.27	29.71	32.17	1.21	0.06	9.13
宁夏	342.17	175.87	99.84	9.85	54.20	2.33	0.08	3.51
新疆	1620.59	850.86	536.64	78.97	148.58	5.25	0.30	3.91

注：为便于横向比较各省区市畜牧业全生命周期温室气体排放强度，取 $P_S =$ E_{Total}/V_S（P_S：省区市畜牧业 CO_2 当量排放强度；E_{Total}：省区市畜牧业 CO_2 当量排放总量，万 t；V_S：按当年价格计算的省区市畜牧业产值，亿元）。

从排放强度看，2011 年我国各省区市畜牧业全生命周期 CO_2 当量排放量、排放强度居前 10 位的依次为西藏、青海、甘肃、新疆、贵州、宁夏、内蒙古、云南、天津和山西，集中于牧区和农牧交错区省区市（见表 3-18）；东部、中部、西部和东北地区的排放强度分别为 1.63t/万元、1.77t/万元、2.76t/万元和 1.52t/万元，西部地区最高（见表3-18）；农区、牧区和农牧交错区的排放强度分别为 1.81t/万元、4.51t/万元和 1.85t/万元，牧区最高，农牧交错区次之，农区最低（见表 3-18）。

表 3-18　**2011 年我国各地区畜牧业全生命周期 CO_2 当量排放量、**

排放强度及占全国的比重　单位：10^4t，$t/10^4$ 元，%

地区	E_{Total}	P_D	t
东部	12658.96	1.63	24.88

地区	E_{Total}	P_D	t
中部	12305.52	1.77	24.19
西部	17357.38	2.76	34.12
东北	5753.93	1.52	11.31
农区	32501.08	1.81	63.88
牧区	7158.13	4.51	14.07
农牧交错区	11495.13	1.85	22.59

注：（1）我国经济区划和畜牧业区划划分同表 3 - 11；（2）t 为各地区畜牧业 CO_2 当量排放量占全国畜牧业排放总量的比重（%）；（3）为便于横向比较各地区畜牧业全生命周期温室气体排放强度，取 $P_D = E_{Total}/V_D$（P_S：地区畜牧业 CO_2 当量排放强度；E_{Total}：地区畜牧业 CO_2 当量排放总量，万 t；V_D：按当年价格计算的地区畜牧业产值，亿元）。

第四节　本章小结

与改革开放初期相比，我国畜牧业综合生产能力显著提高，人均畜禽产品占有量大幅提高，畜禽产品结构逐步优化，形成了区域化的畜禽生产布局，畜禽养殖标准化、规模化水平大为提高，畜禽良种建设成效显著，并建立起完善的畜牧技术推广体系，畜禽养殖上下游产业链间进一步融合，涌现出广东温氏、中粮肉食、新希望、罗牛山、雏鹰农牧等一系列大型畜禽养殖集团，加速了我国畜牧业现代化进程。

本章运用环境承载力和生命周期理论分别测算了我国水体、土壤环境对畜牧业氮磷排放的承载力和畜牧业全生命周期温室气体排放状况，从宏观上把握我国畜牧业环境污染的时空特征，实证研究表明：我国畜牧业环境污染形势严峻，畜牧业氮磷排放造成水体和土壤环境的承载压力超标的同时，畜牧业温室气体排放总量呈上升趋势，已成为新的环境问题。从畜牧业氮磷污染的时间特征看，考虑化肥使用和农作物需肥量等因素，1990—2011 年 22 年间我国畜牧业对水体、土壤环境的污染压力总体上呈现出"逐年上升—平稳回落"的两阶段特征。从畜牧业氮磷污染的空间特征看，水环境超载已成为各地区畜牧业发展面临的首要环境约束，土壤环境超载次之。2011 年度，除西藏外我国大陆地区其他省区市畜牧业氮磷排放均呈现环境承载超标；经济区划间对比表明：土壤环境承载压力指数从大到小依次为中部、东部、西部和东北地区，水体环境承载压力指数从大到小依次为东部、中部、东北和西部地区；畜牧业区划间对比表明：土壤环境承载压力指数从大到小依次为农区、牧区和农牧交错区，水体环境承载压力指数从大到小依次为农牧交错区、农区和牧区。从畜牧业温室气体排放的时间特征看，1990—2011 年 22 年间我国畜牧业全生命周期及各个环节的 CO_2 当量排放量均呈现上升趋势，尤其是畜禽饲养耗能、饲料粮种植、饲料粮运输加工和畜禽屠宰加工环节的增长更为显著，但历年饲料粮运输加工和畜禽屠宰加工环节占畜牧业全生命周期 CO_2 当量排放总量的比重分别低于 1% 和 0.05%；家畜胃肠道发酵和粪便管理系统环节占畜牧业全生命周期 CO_2 当量排放总量的比重呈下降趋势；22 年间，反刍家畜的 CO_2 当量排放量占 55.25%，非反刍畜禽占 44.75%。从畜牧业温室气体排放的空间特征看，2011 年，我国大陆省区市间内蒙古、辽宁和云南的畜牧业全生命周期 CO_2 排放当量和排放强度均位居全国前 10；西部地区畜牧业全生命周期 CO_2 当量排放量所占比重最大，并且西部地区的排放强度最高；农区畜牧业全生命周期 CO_2 当量排放量占 63.88%，牧区占 14.07%，但牧区的排放强度最高，农区最低。

本章对畜禽污染时空特征的测算与国内近期研究基本一致（杨飞等，2013；陈瑶、王树进，2014）[①]，但本章测算出的污染程度稍高，

---

① 杨飞、杨世琦、诸云强、王卷乐：《中国近 30 年畜禽养殖量及其耕地氮污染负荷分析》，《农业工程学报》2013 年第 5 期；陈瑶、王树进：《我国畜禽集约化养殖环境压力及国外环境治理的启示》，《长江流域资源与环境》2014 年第 6 期。

这与考虑化肥投入等客观因素有关。研究表明，当前我国的畜禽养殖污染形势依然严峻，化肥的大量投入和畜禽粪便的未能有效利用是造成这一问题的重要原因，合理规划畜禽养殖布局、推动畜禽粪便的资源化利用成为防治畜禽污染的关键。但由于数据的可获得性问题，文中很多计算指标引用了国内外学者已公开发表的研究成果，并且因不同区域间畜禽等调入调出统计数据的缺乏，未能将区域间跨境因素考虑在内，使研究结果具有一定的不确定性。此外，限于当前研究的局限，本书仅分析了 2011 年国内不同区域间的畜禽污染情况，使空间特征缺少纵向对比。同时，国内学者对于我国畜牧业温室气体排放的研究多局限于家畜胃肠道发酵和畜禽粪便管理系统产生的温室气体排放（汪开英等，2010）[①]。本研究采用生命周期评价方法，把畜牧业直接生产环节和上下游相关产业链相关环节纳入畜牧业温室气体排放核算系统，就 2011 年而言，我国畜牧业全生命周期 CO_2 当量排放总量 50877.15 万 t，其中家畜胃肠道发酵和畜禽粪便管理系统两个环节产生的 CO_2 当量排放量之和为 33907.74 万 t，仅占排放总量的 66.65%。与家畜胃肠道发酵和畜禽粪便管理系统环节温室气体排放量的增长速度相比，畜禽饲养耗能、饲料粮种植、饲料粮运输加工和畜禽屠宰加工环节温室气体排放量的较快增长，反映出我国畜牧业单位畜禽生产耗能、单位畜禽产品耗粮、饲料粮加工运输能耗增加和单位畜禽产品屠宰加工能耗的较快增长，进一步反映出我国畜牧业由以农户废弃食物为主的农户饲养模式向以"高能量、高蛋白、高投入"为特征的集约化饲养模式和商品化生产方式转变。但饲料粮运输加工和畜禽屠宰加工环节对我国畜牧业全生命周期温室气体排放的贡献极小，家畜胃肠道发酵、畜禽粪便管理系统、畜禽饲养耗能和饲料粮种植环节是我国畜牧业温室气体排放的主要来源。受数据可获

① 汪开英、黄丹丹、应洪仓：《畜牧业温室气体排放与减排技术》，《中国畜牧杂志》2010 年第 24 期。

得性制约，本书大量引用了 IPCC、FAO 等权威组织及国内外专家学者已公开发表的研究成果作为核算依据；此外，在核算国内不同区域畜牧业全生命周期温室气体排放时，受不同区域间饲料、畜禽等调入调出统计数据的限制，未能将跨境因素考虑在内，由此导致研究结果具有一定的不确定性，但本书引用数据较为权威且跨境流动非主导因素，认为这种不确定性是可以接受的。以上不足之处还需进一步研究探讨。

第四章

中国畜牧业环境污染与
经济增长关系分析

环境库兹涅茨曲线理论假说源于经济增长与环境压力之间关系的争论（Dinda，2004）[1]，被广泛运用于我国农业面源污染和农业碳排放领域。杜江、刘渝（2009）[2] 利用1997—2005年我国31个省区市的面板数据，将我国农业经济增长分别与农药、化肥投入之间的关系予以实证分析。研究表明：农业经济增长与农药投入之间存在典型的倒"U"型曲线关系，而与化肥投入之间呈现倒"N"型曲线关系。李太平等（2011）[3] 采用1990—2008年全国各省区市面板数据，对我国化肥投入引起的面源污染与经济增长之间的关系进行验证，研究表明，我国化肥投入引起的面源污染与经济增长之间存在倒"U"型曲线关系。高宏霞等（2012）[4] 把工业"三废"（工业废气、工业废水和工业固体废弃物）综合起来建立直线无量纲化的环境污染综合指数，用来衡量环境污染的程度，在此基础上运用2000—2010年11年间环境污染综合指数对

---

① Dinda S., "Environmental Kuznets Curve Hypothesis: A Survey", *Ecological Economics*, Vol. 49, No. 4, 2004.

② 杜江、刘渝：《中国农业增长与化学品投入的库兹涅茨假说及验证》，《世界经济文汇》2009年第3期。

③ 李太平、张锋、胡浩：《中国化肥面源污染EKC验证及其驱动因素》，《中国人口·资源与环境》2011年第11期。

④ 高宏霞、杨林、王节：《经济增长与环境污染关系的研究——基于环境库兹涅茨曲线的实证分析》，《云南财经大学学报》2012年第2期。

环境库兹涅茨曲线进行验证，并预测了各省区市"EKC 拐点"到来时间，研究发现，我国存在倒"U"型的 EKC，除北京、天津、上海、江苏、山东、浙江和广东外，其他省区市 EKC 拐点的到来时间是在 2020年之后。陈勇等（2013）[①] 基于 1995—2010 年农业和经济数据测算了我国西南地区农业生态系统碳排放、碳吸收和碳足迹的存在特征，并实证分析了西南地区农业生态系统碳足迹与经济发展之间的关系。研究表明：西南地区农业生态系统碳足迹与经济发展之间呈现出线性增长关系，并未出现倒"U"型或"N"型的库兹涅茨曲线关系。

众多研究表明，经济增长与环境污染之间存在倒"U"型曲线关系，本章采用前文第三章测算出的代表我国畜牧业环境污染程度的时间序列指标值，构建我国畜牧业环境污染与经济发展水平之间的计量模型，验证是否符合环境库兹涅茨曲线理论，可以从经济增长的角度把握我国畜牧业环境污染的阶段特征，以期为我国畜牧业环境污染防治策略的制定提供宏观依据。

第一节　环境污染与经济增长关系理论分析

1955 年，美国经济学家西蒙·史密斯·库兹涅茨（Simon Smith Kuznets）发现收入不平等程度首先随人均收入的增加而加剧，但当经过了一个转折点后，收入不平等程度又会降低，即收入分配与经济增长之间存在类似于倒"U"型的曲线关系，又被称为库兹涅茨曲线（Kuznets Curve）。美国经济学家 Grossman 和 Krueger（1991）[②] 首次运

---

① 陈勇、李首成、税伟、康银红：《基于 EKC 模型的西南地区农业生态系统碳足迹研究》，《农业技术经济》2013 年第 2 期。

② Grossman, Gene M., and A. B. Krueger, "Environmental Impacts of a North American Free Trade Agreement", *Social Science Electronic Publishing*, Vol. 8, No. 2, 1991.

用环境库兹涅茨曲线理论，实证研究了环境质量与人均收入之间的关系，验证了北美自由贸易区环境污染与人均收入之间的关系为"环境污染在低收入水平上随人均 GDP 增加而上升，高收入水平上随人均 GDP 增长而下降"。1992 年，世界银行以"发展与环境"为主题的《世界发展报告》的发布，推动了全球范围内环境质量与收入关系的研究。Panayotou（1993）[1] 借用库兹涅茨曲线首次提出环境库兹涅茨曲线（EKC），描述环境质量与人均收入之间的关系。环境库兹涅茨曲线理论认为，当经济发展处于前工业化时期时，环境恶化处于较低水平，环境程度较低；当经济发展进入工业化时期时，污染物排放增加，环境恶化加剧，环境程度达到峰值（拐点）；但当经济发展进入后工业化时期，大众环境意识增强，环境监管增强，环保技术提高，环保投资增加，经济向清洁发展方式转变，环境污染程度降低，环境质量逐步改善（李君、庄国泰，2011）[2]，即随着经济发展水平的提高，环境呈先恶化而后逐步改善的趋势，如图 4 - 1 所示。

国内学者对 EKC 模型在理论上做了进一步探讨。李玉文等（2005）[3] 认为环境压力和经济增长之间的关系除了倒"U"型关系，还存在同步关系、"U"型关系和"N"型关系等形态，提出重组假说，即环境压力和经济增长不会长期分离，经济发展到一定阶段，它们会重新组合，并最终呈现"N"型关系。蒋萍、余厚强（2010）[4] 以代表污染影响效应的环境承受阈值线和安全警戒线为基础，对 EKC 拐点进行

---

[1] Panayotou T. , *Empirical Tests and Policy Analysis of Environmental Degradation at Different Stages of Economic Development*, Working Paper, International Labor Office, Technology and Employment Programme, 1993.

[2] 李君、庄国泰：《中国农业源主要污染物产生量与经济发展水平的环境库兹涅茨曲线特征分析》，《生态与农村环境学报》2011 年第 6 期。

[3] 李玉文、徐中民、王勇、焦文献：《环境库兹涅茨曲线研究进展》，《中国人口·资源与环境》2005 年第 5 期。

[4] 蒋萍、余厚强：《EKC 拐点类型、形成过程及影响因素》，《财经问题研究》2010 年 6 月。

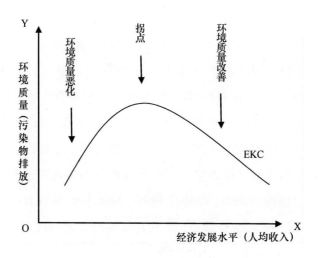

图 4 - 1　环境库兹涅茨曲线（EKC）

分类，并分析了不同拐点形成的过程，还分析了经济因素和社会因素对拐点形成的影响。钟茂初、张学刚（2010）[①] 总结了国内外已有研究，指出很多文献中 EKC 模型的指标选取随意性以及计量方法存在问题，模型中经济与环境单向性假定以及不同国家同质性假定脱离实际，忽视了存量的外部性和生态阈值。韩瑞玲等（2012）[②] 指出未来运用 EKC 理论应注意：采用面板数据可以减少因环境数据欠缺而造成的限制，应更加注重经济增长与环境建设的互动研究，探索经济增长与环境污染背后作用机制，运用拓宽环境指标、模型改进和改变内生缺陷等方法来进一步完善 EKC 理论。

2000 年以后，国内对环境库兹涅茨曲线的研究已十分普遍，环境库兹涅茨曲线已成为研究经济增长与环境污染关系的主要理论模型，既有对全国层面的研究，也有对各个省份或地区的研究；既有对国民经济

[①] 钟茂初、张学刚：《环境库兹涅茨曲线理论及研究的批评综论》，《中国人口·资源与环境》2010 年第 2 期。

[②] 韩瑞玲、佟连军、佟伟铭、于建辉：《经济与环境发展关系研究进展与述评》，《中国人口·资源与环境》2012 年第 2 期。

总体的研究，也有对工业、农业等国民经济单个部门或行业的研究。因研究视角、数据选取方法、研究对象和时间跨度等不同，所得出的研究结果也有所不同。赵细康等（2005）[①] 选取废水、废气、SO_2 和烟尘排放四项指标检验了我国污染物排放的环境库兹涅茨曲线（EKC）特征，研究显示：虽然主要污染物的排放增长趋势近年来有所减缓，但排放总量仍在增加，我国污染物排放与人均 GDP 的关系或许正处于 EKC 的上升段，离转折点尚有一段距离，我国整体环境仍显现出不断恶化的趋势。彭水军、包群（2006）[②] 利用 1996—2002 年除西藏自治区外我国大陆 30 个省区市省际面板数据，运用环境库兹涅茨曲线理论，分别对水污染、大气污染与固体污染排放等 6 类环境污染指标与人均 GDP 的关系进行回归检验，考察我国经济增长与环境污染的关系。研究发现：环境污染指标和估计方法的选取对环境库兹涅茨曲线的形状影响很大，同时人口规模、环保政策、技术进步、产业结构调整以及贸易开放等在内的污染控制变量也对环境库兹涅茨曲线产生重要影响。杨万平、袁晓玲（2009）[③] 基于 1982—2006 年我国 6 类环境污染物 25 年间的排放数据，首先运用改进的熵值法计算出代表我国整体环境污染状况的环境污染指数，再利用协整检验研究我国环境库兹涅茨曲线的存在性与"本土化"特征，研究发现：以 21 世纪初为分界点，之前环境污染水平不断下降，之后环境污染却有所恶化，我国综合环境污染状况呈现正"U"型趋势。郑丽琳、朱启贵（2012）[④] 采用 1995—2009 年我国省际碳排放面板数据，运用协整与误差修正模型对我国碳排放库兹涅茨曲线的存

① 赵细康、李建民、王金营、周春旗：《环境库兹涅茨曲线及在中国的检验》，《南开经济研究》2005 年第 3 期。

② 彭水军、包群：《经济增长与环境污染——环境库兹涅茨曲线假说的中国检验》，《财经问题研究》2006 年第 8 期。

③ 杨万平、袁晓玲：《环境库兹涅茨曲线假说在中国的经验研究》，《长江流域资源与环境》2009 年第 8 期。

④ 郑丽琳、朱启贵：《中国碳排放库兹涅茨曲线存在性研究》，《统计研究》2012 年第 5 期。

在性进行实证研究，研究表明：我国碳排放与经济增长之间存在长期稳定的倒 "U" 型曲线关系，且拐点为人均 GDP 29847.29 元。刘源远等 (2008)[①] 基于我国 2000—2004 年 30 个省区市的面板数据实证分析了我国工业化与环境污染之间的关系，研究表明：用 SO_2 衡量环境污染水平、非农产业就业比重衡量工业化程度，对应的 EKC 及其扩展模型都存在典型的倒 "U" 型曲线特征。

第二节　畜牧业环境污染与经济增长关系实证分析

一　研究方法与数据来源

本节采用 EKC 模型的基本形式，将模型设定为：$E_{it} = c + \alpha Y_t + \beta (Y_t)^2 + \xi_t$。其中：$E_{it}$ 代表第 t 年第 i 类我国畜牧业污染物的污染程度；Y_t 为第 t 年人均 GDP；c，α 和 β 为模型系数；ξ_t 为随机误差项。模型系数 α 和 β 的取值可反映环境质量状况与经济发展之间的关系。当 $\alpha \neq 0$，$\beta = 0$ 时，环境状况与经济发展水平呈线性关系；当 $\alpha > 0, \beta < 0$ 时，环境状况与经济发展水平之间呈现 "先升后降" 的倒 "U" 型关系，符合 EKC 理论的倒 "U" 型假定；当 $\alpha < 0, \beta > 0$ 时，环境状况与经济发展水平之间呈现 "先降后升" 的正 "U" 型关系。当 E_{it} 与 Y_t 符合 EKC 假定时，倒 "U" 型曲线拐点（即环境质量到达转折点所对应的经济发展水平）出现在 $Y_t = -\dfrac{\alpha}{2\beta}$ 处。为消除异方差，分别对所选指标取对数。$LnT = Ln(T)$，代表畜牧业造成的土壤环境污染压力指数的对数；$LnW = Ln(W)$，代表畜牧业水环境污染压力指数的对数；$LnP_N = Ln(P_N)$，代表畜牧业温室气体排放强度的对数；$LnZ = Ln(Z)$，代表以 1990 年为基期

---

　　① 刘源远、孙玉涛、刘凤朝：《中国工业化条件下环境治理模式的实证研究》，《中国人口·资源与环境》2008 年第 4 期。

的人均 GDP 的对数。即本节需验证的 EKC 关系有以下 3 组：

$$LnW_t = c + \alpha LnZ_t + \beta (LnZ_t)^2 + \xi_t;$$

$$LnP_{Nt} = c + \alpha LnZ_t + \beta (LnZ_t)^2 + \xi_t;$$

$$LnT_t = c + \alpha LnZ_t + \beta (LnZ_t)^2 + \xi_t$$

T、W 和 P_N 的值为本书第 3 章计算得出的代表我国畜牧业环境污染程度的历年指标值；Z：以 1990 年为基期的人均 GDP（元），经整理得出。Z、T、W 和 P_N 的值见表 4 – 1。

表 4 – 1   **1990—2011 年我国畜牧业环境污染指标与人均 GDP 值**

年份	Z（元）	T（无量纲）	W（无量纲）	P_N（无量纲）
1990	1644.00	1.01	1.07	16.33
1991	1770.59	1.02	1.12	15.31
1992	1998.09	1.03	1.21	14.85
1993	2251.08	1.03	1.27	14.28
1994	2516.93	1.06	1.48	12.95
1995	2761.73	1.08	1.72	13.15
1996	3006.47	1.08	1.91	12.56
1997	3252.52	1.10	1.81	9.80
1998	3473.81	1.07	1.82	10.13
1999	3706.28	1.09	1.93	9.86
2000	3987.22	1.11	2.05	9.17
2001	4286.92	1.12	2.15	8.77
2002	4645.03	1.12	2.13	8.56
2003	5078.98	1.14	2.30	8.33
2004	5558.09	1.13	2.75	8.19
2005	6150.43	1.14	2.54	7.88
2006	6891.51	1.15	2.87	7.59
2007	7826.53	1.13	2.44	6.18
2008	8536.73	1.11	2.35	5.44

续表

年份	Z（元）	T（无量纲）	W（无量纲）	P_N（无量纲）
2009	9277.07	1.13	2.87	5.85
2010	10196.87	1.11	2.27	5.72
2011	11091.36	1.10	3.04	5.60

二　实证研究过程

（一）单位根检验与模型调整

1990—2011 年 22 年间，反映我国畜牧业环境污染程度的 3 项指标和人均 GDP 均为时间序列数据。由于时间序列数据分为平稳序列和非平稳序列，而传统的回归分析一般假定所研究的时间序列为平稳序列，但若直接对非平稳的时间序列数据进行回归分析，就可能导致伪回归（spurious regression），回归分析也就失去意义。为避免伪回归现象出现，本书在对变量进行回归分析之前，首先采用 ADF 方法对变量的平稳性进行检验，再利用回归分析模型考察我国畜牧业环境污染与人均 GDP 之间是否存在 EKC 关系。运用 Eviews 6.0 软件运行结果见表 4 - 2。

表 4 - 2　　　变量 LnZ、LnP_N、LnW 和 LnT 的单位根检验结果

变量	检验形式 (C, T, K)	t 值	10% 临界值	P 值	检验结论
LnZ	(C, T, 5)	- 3.593605	- 3.297799	0.0611	拒绝原假设，平稳
LnP_N	(0, 0, 1)	- 3.353165	- 1.607830	0.0019	拒绝原假设，平稳
LnW	(C, 0, 4)	- 3.269631	- 2.666593	0.0333	拒绝原假设，平稳
LnT	(0, 0, 2)	0.206519	- 1.607830	0.7362	接受原假设，不平稳
ΔLnT	(C, T, 2)	- 5.295605	- 3.277364	0.0023	拒绝原假设，平稳

注：表中检验所用形式中的 C、T 和 K 分别表示常数项、趋势项和滞后阶数；滞后期 K 的选择标准以 AIC 最小准则为依据，Δ代表一阶差分算子。

由表 4 - 2 可知，除 LnT 为一阶单整序列外，LnZ、LnP_N 和 LnW 均为 0 阶单整序列，即原时间序列为平稳序列。为考察我国经济增长与畜牧业扩张引起的土壤环境压力之间的长期关系，借鉴张晖、胡浩（2009）[1] 的研究方法，本书引入平稳时间序列 $LnSN$ 代替变量 LnT，SN 代表历年畜牧业粪便排放造成土壤氮素超载量（见表 4 - 3）。运用 Eviews 6.0 软件对 $LnSN$ 进行 ADF 检验的结果见表 4 - 4，可见，$LnSN$ 为 0 阶单整时间序列，为平稳时间序列。如此，本书所考察的 3 组时间序列数据 LnZ 与 $LnSN$、LnZ 与 LnW 和 LnZ 与 LnP_N，均为 0 阶单整序列，可以直接运用回归分析考察其长期均衡关系。

表 4 - 3　1990—2011 年我国畜牧业粪便排放造成的土壤氮素超载量

年份	土壤氮素超载量（万 t）	年份	土壤氮素超载量（万 t）	年份	土壤氮素超载量（万 t）
1990	100.98	1998	585.19	2006	720.37
1991	235.41	1999	554.70	2007	586.62
1992	262.74	2000	647.32	2008	471.79
1993	290.62	2001	655.00	2009	556.33
1994	426.86	2002	633.91	2010	499.89
1995	523.11	2003	702.58	2011	441.92
1996	584.78	2004	658.91		
1997	598.01	2005	680.40		

---

[1]　张晖、胡浩:《农业面源污染的环境库兹涅茨曲线验证——基于江苏省时序数据的分析》,《中国农村经济》2009 年第 4 期。

表 4 - 4　　　　　　替代变量 *LnSN* 的 ADF 检验结果

变量	检验形式 (C, T, K)	t 值	10% 临界值	P 值	检验结论
LnSN	(C, 0, 4)	- 6. 275070	- 2. 646119	0. 0000	拒绝原假设，平稳

注：C、T 和 K 的含义同表 4 - 2。

综上所述，通过时间序列平稳性检验，剔除 *LnT* 并由 *LnSN* 替代后，所有时间序列均为平稳序列，待验证的 EKC 关系模型调整为：

$$LnSN_t = c + \alpha LnZ_t + \beta (LnZ_t)^2 + \xi_t;$$
$$LnW_t = c + \alpha LnZ_t + \beta (LnZ_t)^2 + \xi_t;$$
$$LnP_{Nt} = c + \alpha LnZ_t + \beta (LnZ_t)^2 + \xi_t$$

（二）EKC 检验结果

（1）畜牧业粪便排放土壤氮素超载量与经济增长的 EKC 检验

通过回归分析（见表 4 - 5）可知，该回归方程拟合优度 R - squared = 0.909463，调整后的拟合优度 Adjusted R - squared = 0.899932，F - statistic = 95.42894，Prob（F - statistic）= 0.0000，说明回归方程整体显著，由 t 检验结果可知，自变量 *LnZ* 和（*LnZ*）² 对因变量 *LnSN* 影响显著，并通过了 DW 检验，得出回归方程：$LnSN_t = -75.45843 + 19.10459 LnZ_t - 1.112180 (LnZ_t)^2$，由此可知，1990—2011 年 22 年间，我国畜牧业对土壤环境造成的污染与经济增长之间存在 EKC 关系，并呈现倒 "U" 型曲线特征，拐点为 *LnZ* = 8.588803，即 *Z* = 5371.18 元（按 1990 年不变价格计算）。

表 4 - 5　我国畜牧业粪便排放土壤氮素超载量 EKC 曲线模拟结果

变量	系数	t 值	P 值
C	- 75. 45843	- 10. 45065	0. 0000
LnZ	19. 10459	11. 04202	0. 0000

变量	系数	t 值	P 值
$(LnZ)^2$	– 1. 112180	– 10. 76797	0. 0000
R – squared = 0. 909463	Adjusted R – squared = 0. 899932	F – statistic = 95. 42894	
Prob（F – statistic）= 0. 0000	Durbin – Watson stat = 1. 648751	曲线形状： 倒"U"型	拐点：LnZ = 8. 588803

（2）畜牧业水环境污染压力指数与经济增长的 EKC 检验

通过回归分析（见表 4 – 6）可知，该回归方程拟合优度 R –
squared = 0. 936462，调整后的拟合优度 Adjusted R – squared =
0. 929774，F – statistic = 140. 0169，Prob（F – statistic）= 0. 0000，说明
回归方程整体显著，由 t 检验结果可知，自变量 LnZ 和（LnZ）^{2} 对因变
量 LnW 影响显著，并通过了 DW 检验，得出回归方程：LnW_t =
– 23. 79012 + 5. 372155LnZ_t – 0. 291232（LnZ_t）^{2}。由此可知，1990—
2011 年 22 年间，我国畜牧业对水环境造成的污染与经济增长之间存在
EKC 关系，并呈现倒"U"型曲线特征，拐点为 LnZ = 9. 223154，即
Z = 10128. 96 元（按 1990 年不变价格计算）。

表 4 – 6　　我国畜牧业水环境污染压力指数 EKC 曲线模拟结果

变量	系数	t 值	P 值
C	– 23. 79012	– 5. 920767	0. 0000
LnZ	5. 372155	5. 579624	0. 0000
$(LnZ)^2$	– 0. 291232	– 5. 066904	0. 0001
R – squared = 0. 936462	Adjusted R – squared = 0. 929774	F – statistic = 140. 0169	
Prob（F – statistic）= 0. 0000	Durbin – Watson stat = 2. 282740	曲线形状： 倒"U"型	拐点：LnZ = 9. 223154

（3）畜牧业温室气体排放强度与经济增长的 EKC 检验

通过回归分析（见表 4 - 7）可知，该回归方程拟合优度 R - squared = 0. 972010，调整后的拟合优度 Adjusted R - squared = 0. 969064，F - statistic = 329. 9123，Prob（F - statistic）= 0. 0000，说明回归方程整体显著。但由 t 检验结果可知，仅常数项对因变量影响显著，自变量 LnZ 和 $(LnZ)^2$ 对因变量 LnP_N 影响不显著，回归方程不成立。由此可知，1990—2011 年 22 年间，我国畜牧业温室气体排放强度与经济增长之间不存在 EKC 关系。

表 4 - 7　　　　我国畜牧业温室气体排放强度 EKC 曲线模拟结果

变量	系数	t 值	P 值
C	9. 261509	3. 081685	0. 0061
LnZ	– 1. 086381	– 1. 508565	0. 1479
$(LnZ)^2$	0. 029197	0. 679158	0. 5052
R - squared = 0. 972010	Adjusted R - squared = 0. 969064	F - statistic = 329. 9123	
Prob（F - statistic）= 0. 0000	Durbin - Watson stat = 1. 3889	曲线形状：—	拐点：—

三　实证研究结论

1990—2011 年 22 年间，运用反映我国畜牧业环境污染程度的 3 项指标：畜牧业水环境承载压力指数、畜禽粪便排放引起的土壤氮素超载量和温室气体排放强度，在时间序列数据平稳的基础上，分别对历年以 1990 年不变价格计算的人均 GDP 进行回归分析，实证计量研究表明：畜牧业水环境承载压力指数和粪便排放土壤氮素超载量与人均 GDP 之间符合倒 "U" 型曲线关系，回归方程可决系数分别达到 0. 936462 和 0. 909463，对环境库兹涅茨曲线具有充分的解释意义，其拟合方程分别为：

$$LnSN_t = -75.45843 + 19.10459LnZ_t - 1.112180(LnZ_t)^2$$

$$LnW_t = -23.79012 + 5.372155LnZ_t - 0.291232(LnZ_t)^2$$

其拐点分别为 $LnZ = 8.588803$（$Z = 5371.18$ 元）和 $LnZ = 9.223154$（即 $Z = 10128.96$ 元）。按 1990 年不变价格计算，2004 年我国人均 GDP 已达到 5558.09 元，2010 年我国人均 GDP 达到 10196.87 元，均已跨过曲线"拐点"，呈良性发展趋势。畜牧业全生命周期温室气体排放强度呈线性下降趋势，与人均 GDP 之间不符合倒"U"型曲线关系。

第三节　本章小结

本章在系统阐述环境污染与经济增长理论关系的基础上，运用 EKC 理论，采用 1990—2011 年 22 年间反映我国畜牧业环境污染程度的 3 项指标：畜禽粪便排放引起的土壤氮素超载量、水环境承载压力指数和畜牧业温室气体排放强度，在时间序列平稳的前提下，分别对历年人均 GDP（以 1990 年不变价格计算）进行回归分析，验证是否存在 EKC 曲线。研究表明：22 年间，我国畜牧业氮磷排放对土壤和水体造成的环境污染与人均 GDP 之间符合倒"U"型曲线关系，且已跨过曲线"拐点"，呈良性发展趋势；我国畜牧业全生命周期温室气体排放强度呈线性下降趋势，与人均 GDP 之间不符合倒"U"型曲线关系。总体而言，我国畜牧业环境污染随着经济增长已呈现出缓和趋势。本章把水体和土壤污染一并纳入分析框架，并验证其与经济增长之间的关系，可以更全面地把握我国畜禽污染的阶段特征，是对现有研究的一个补充。

第五章

畜禽养殖场环境污染防治意愿分析：
以武汉市为例

湖北是我国畜牧业大省，以生猪养殖为例，2012 年全省生猪出栏 4180.84 万头，占全国生猪出栏总量的 6%；全省有 19 个县市生猪年出栏超过 100 万头，44 个县市被列入国家生猪调出大县行列；6 家种猪场被选为国家级生猪核心育种场，在全国排名第 2 位；全省规模养猪比重达 74%，高于全国平均水平近 10 个百分点；万头以上规模猪场总数达到 571 个，居全国第一位（湖北省畜牧兽医局，2013）。武汉作为省会城市，在湖北省畜牧业发展中起到了龙头作用，2012 年武汉市生猪出栏 298.4 万头，家禽出笼 5552.2 万只，牛奶产量 6.69 万 t，均位居湖北省前列，形成了以江夏、黄陂、汉南为主的生猪养殖基地，以新洲为主的蛋禽养殖基地，以江夏、黄陂、蔡甸为主的水禽养殖基地，以黄陂、东西湖为主的奶业养殖基地。武汉市畜牧业在发展过程中同样遇到严峻的环境污染问题，从一定程度上而言，武汉市畜牧业是我国畜牧业发展的一个缩影，选择武汉市作为样本地区，从微观上研究畜禽养殖场环境污染防治意愿的影响因素，具有一定的代表性。

本章基于对武汉市畜牧、环保部门的走访，并查阅相关文献及统计资料，在系统阐述武汉市畜牧业发展历程、发展特征和畜禽养殖污染状况及防治政策的基础上，选取武汉市 103 家规模化猪场作为样本，运用二元 Logistic 回归模型分析畜禽养殖场环境污染防治意愿，以期为我国畜牧业环境污染防治策略的制定提供微观依据。

第一节　武汉市畜牧业发展状况

一　武汉市畜牧业发展历程

（一）武汉市畜牧业生产的恢复与发展期（1949—1957 年）

1949 年，全市生猪饲养量仅 25.33 万头，出栏 10.45 万头；耕牛存栏 12.22 万头，奶牛存栏 525 头；家禽饲养量约 155 万只，年末存笼约 120 万只。农民养猪多以自食为主，少量出售作为副业收入；养牛主要用于农耕，老弱病残的耕牛才做食用，肉牛养殖一直是空白；养禽主要用于自食、下蛋出售换油盐钱或馈赠亲友。总体来看，新中国成立之初武汉畜牧业极不发达，畜禽产品商品率极低。1957 年，全市生猪饲养量上升到 66.8 万头，出栏肉猪增加到 21.51 万头，分别是 1949 年的 2.64 倍和 2.06 倍；耕牛年末存栏达到 13.14 万头，增长 7.53%；奶牛存栏达到 2616 头，是 1949 年的 4.98 倍；家禽的饲养量达到 240 余万只，年末存笼上升到 200 万只，分别是 1949 年的 1.55 倍和 1.67 倍。

（二）武汉畜牧业生产严重受挫和调整恢复期（1958—1965 年）

1958 年"大跃进"开始，武汉响应"公社办万头猪场，大队办千头猪场，小队办百头猪场"，一些地方开始无偿平调农户私养的猪大办集体猪场，加上受"三年自然灾害"的影响，畜牧业生产受到严重挫折，以生猪为例，1958 年生猪生产达到新中国成立以来的最高峰，生猪饲养量达到 69.13 万头，出栏生猪 32.35 万头；1959 年生猪饲养量下降至 40.51 万头，生猪出栏量下降至 14.61 万头；1960 年生猪饲养量继续下降，下降至 32.04 万头，出栏量下降至 8.61 万头，较 1949 年生猪出栏量少 2.29 万头。1961—1965 年，全国进入"调整"时期，按照中央提出的"调整、巩固、充实、提高"方针，武汉畜牧业生产开始逐渐恢复，1965年全市生猪饲养量86.73万头，出栏量31.77万头，超过1958年的生产水平。

（三）武汉市畜牧业的缓慢发展时期（1966—1978年）

1966年，武汉市生猪饲养量115.20万头，出栏量41.56万头。"文革"开始后，畜牧业生产受到冲击，1970年，全市生猪饲养量100.68万头，出栏量32.94万头，与1966年相比分别下降了12.60%和20.74%。1970年，湖北省革命委员会下发《关于进一步发展生猪生产的指示》，武汉畜牧业生产得到恢复和发展，1976年，全市生猪饲养量164.72万头，出栏量52.61万头，与1966年相比分别增长了42.99%和26.59%，增长较为缓慢。

（四）武汉市畜牧业快速发展时期（1978—2000年）

1978年党的十一届三中全会召开，武汉市畜牧业迎来发展的春天。1977年武汉市蔬菜副食品领导小组畜牧办公室提出"三级办场"的要求，即未办场的公社、大队和生产队在年内都要办起来，公社猪场年末存栏要达到500—1000头，大队猪场要达到100—300头，生产队要达到50—100头。1985年，湖北省取消生猪派购政策，生猪销售价格采取市场化运作，农民养猪积极性空前高涨。1985年10月，武汉市政府投资387.5万元（其中中央财政投资135万元）在武昌、黄陂、新洲和汉阳四县开展商品瘦肉猪基地建设。1986年，全市生猪饲养量达到206.78万头，首次突破200万头大关，出栏95.6万头，其中瘦肉型猪达50万头，占生猪出栏数的52.5%，供港的瘦肉猪瘦肉率达到50%以上。1988年，全市能繁母猪达到7.08万头，武昌、汉阳、黄陂和新洲四个县的瘦肉猪基地建成，全市共建县级中心供精站4个，乡镇（农场）供精站51个，生猪人工授精开展面达90.5%，受胎率达83.75%，全年出栏生猪115.26万头，其中瘦肉猪92万头，占出栏总数的79.82%，生猪生产已基本实现良种化。

1991—1995 年，武汉市政府提出"主攻禽蛋生产，稳定发展生猪，开发草食畜禽"的发展思路。1994 年，全市生猪饲养量 312.54 万头，出栏生猪 159.47 万头，生猪饲养量首次突破 300 万头。1992 年，由于武汉市政府实施粮食补贴政策改革，取消了精饲料补贴，饲料价格全面放开，致使奶牛养殖成本上升，加上乳制品企业产品单一，无法适应市场需求，出现了产品滞销、严重积压的状况，使企业和奶农损失严重，奶业生产出现严重滑坡。但肉牛养殖却从这一时期起步，1995 年底，全市肉牛出栏达到 37858 头，而 1990 年仅为 6282 头。1993 年，武汉市的十大种鸡场拥有祖代和父母代蛋用种鸡 3 万多套，肉用种鸡 4.5 万套，每年可向社会提供蛋鸡苗 260 万羽，肉鸡苗 420 万羽。1995 年，全市家禽饲养量 4486.63 万只、家禽出笼 2480.18 万只、禽肉产量 3.26 万 t、禽蛋产量 9.43 万 t，分别是 1990 年的 1.63 倍、2.28 倍、2.46 倍和 1.87 倍。

1996—2000 年，武汉市政府提出"主攻水禽生产，开发生猪规模养殖"的发展思路，进一步调整全市畜牧业结构，加快以水禽、奶业为重点的产业化建设，推进生猪规模化养殖，但这一时期畜牧业生产却受到市场经济的严重冲击。1996 年，猪渔结合养殖模式得到广泛推广，全市生猪存栏 323.55 万头，生猪出栏 183.96 万头。但由于饲料价格上涨和生猪销售价格的持续低迷，1997 年全市生猪饲养量下降至 220.19 万头，出栏下降至 131.15 万头，直到 2000 年生猪生产才恢复到 1996 年的水平。奶业发展同样受到市场经济的冲击，1997—1998 年，全市奶粉滞销严重，造成企业周转资金困难，奶款难以兑现，奶农生产积极性严重受挫，1999 年全市奶牛饲养量下降至 7552 头，退回到 1978 年的水平。在武汉市奶牛养殖低迷的同时，国家把发展奶业作为调整农业产业结构、改善居民膳食结构和提高人们身体素质的重点措施，武汉市委、市政府适时提出"区域化布局、规模化经营、社会化服务和企业化管理"的奶业发展新思路，开展招商引资，发展合资和民营奶业企业，武汉市奶业生产逐步得到恢复，2000 年全市奶牛存栏达到 11541 头，鲜奶产量 3.96 万 t，"光明""友芝友""香满楼""惠尔康"和"扬子江"等知名奶产品在武汉站稳市场。肉牛养殖在这一时期得到稳定发展，年出栏肉牛由 1996 年的 58834 头上升至 2000 年的 63385 头。家禽的规模化生产得到快速发展，1996 年，东西湖区、汉南区和武汉市农校的三个蛋鸡场各扩建 5 万只商品蛋鸡生产能力，全市集约化商品化蛋鸡位增加至 240 万个；规模化肉鸡养殖场的生产能力达到 2000 万只，1996—1998 年，武汉正大畜牧公司采取"四提供一回收"的订单模式，带动农民养殖肉鸡 1200 万只。1998 年，武汉市确立了利用水面资源丰富的优势发展水禽养殖的思路，组建武汉市春江禽业有限责任公司，饲养肉用、蛋用种鸭 1 万套，发展至 2000 年，全市肉用、蛋用种鸭 8 万套，达到 1000 万只的鸭苗生产能力，全市家禽饲养量达 5826.52 万只，出笼家禽 3834.92 万只，禽肉产量 4.70 万 t，禽蛋产量 13.69 万 t，其中水禽所占比例达 26%以上。

（五）武汉市畜牧业发展的新时期（2001 年至今）

2001 年后，武汉市畜牧业进入跨越式发展阶段。武汉市畜牧业发展以产业化经营和生态畜禽养殖小区建设为重点，不断调整产业结构，优化产业布局，饲料工业和畜禽产品加工业不断发展壮大，疫病防控和科技服务水平显著增强，武汉市畜牧业发展进入全新的发展时期，现代化进程加速。2011 年，全市生猪饲养量 459.39 万头，生猪出栏 278.05 万头，分别比 1980 年增长了 171.11%和 288.28%；奶牛存栏 12191 万头，比 1980 年增长了 58.74%；家禽年出笼 5164.87 万只，比 1980 年增长了 3014.74%。2011 年，全市猪肉产量 22.24 万 t，比 1980 年增长了 245.14%；牛奶产量 5.95 万 t，比 1980 年增长了 194.18%；禽肉产量 8.17 万 t，比 1980 年增长了 2799.5%；禽蛋产量 20.26 万 t，比 1980 年增长了 2455.63%。肉牛养殖从 20 世纪 90 年代开始起步，2011 年全市肉牛出栏 58644 万头，牛肉产量 9661 吨，分别比 1995 年增长了

54.91%和79.44%。

二　武汉市畜牧业发展特征

（一）畜牧业的产业地位显著上升，养殖规模化程度大幅提高

改革开放后，武汉市畜牧业由家庭副业转变为农业主导产业。按当年价格计算，1949—1978年的30年间，全市畜牧业总产值占农业总产值比重的平均值为12.21%，且历年变化不大。1979年以来的30多年，全市畜牧业占农业总产值的比重大幅上升，1979—2011年，全市畜牧业占农业总产值的比重平均值为24.03%。畜牧业已由家庭副业成长为农业乃至国民经济的重要产业，为丰富市民的"菜篮子"、改善居民的膳食营养结构、提高人们的身体素质起到了关键作用。

20世纪90年代，武汉市畜牧业规模化趋势已经显现。截至1997年，全市5000只以上的肉鸡专业户发展到430多户，其肉鸡出笼量占全市当年肉鸡出笼量的30%；饲养5000只以上的肉鸭专业户发展到550多户，其肉鸭出笼量占全市当年肉鸭出笼量的31%；饲养500只以上的蛋鸡专业户发展到1000多户，其鸡蛋产量占全市鸡蛋产量的40%；饲养500只以上的蛋鸭专业户发展到570多户，其鸭蛋产量占全市鸭蛋产量的31%；饲养50头以上的养猪专业户发展到740多户，其生猪出栏量占全市生猪出栏总量的8.5%；年出栏5头以上的肉牛养殖专业户发展到250多户，其肉牛出栏量占全市肉牛出栏总量的75%；饲养5头以上的奶牛养殖专业户发展到120多户，占全市奶牛养殖总量的30%。截至2008年底，全市累计建成规模化畜禽养殖场（小区）242个，其中，年出栏3000头以上的生猪养殖小区154个；年存笼3万只以上的蛋鸡养殖小区43个；单批出笼3万只以上的肉鸡养殖小区28个；单批出笼5万只以上的肉鸭养殖小区2个；年存栏300头以上的奶牛养殖小区8个，肉牛养殖小区7个。2009年，全市新建成养殖场（小区）68个，其中：年出栏1万头以上的生猪养殖小区32个，新增生猪生产能

力 43 万头；肉鸭养殖小区 31 个，新增肉鸭生产能力 1300 万只；蛋鸡养殖小区 5 个，新增蛋鸡养殖规模 50 万只。截至 2009 年底，全市生猪规模化养殖数量占养殖总量的 80.4%，蛋鸡规模化养殖数量占养殖总量的 75.1%，肉鸡规模化养殖数量占养殖总量的 95.3%，肉鸭规模化养殖数量占养殖总量的 91.2%，蛋鸭规模化养殖数量占养殖总量的 85.6%，奶牛规模化养殖数量占养殖总量的 90.2%。通过支持和引导畜禽养殖小区建设彻底改变了传统以散养为主的畜牧业生产格局，有效地提高了畜禽的出栏（笼）率、商品率，极大地丰富了市民的"菜篮子"，还催生了一大批畜牧业龙头企业，提高了畜牧业的整体效益，加速了武汉市畜牧业的现代化进程。

（二）畜牧业产业化经营发展迅速，畜牧行业团体组织蓬勃发展

农业产业化经营是一种新的农业经营理念，能够有效地解决"小农户、大市场"之间的矛盾，是我国农业和农村经济结构战略性调整的重要推动力量。改革开放后，武汉市涌现出一大批农业产业化重点龙头企业，形成了集种养加、产供销、内外贸、农科教为一体的生产经营格局。截至目前，全市农业产业化重点龙头企业 125 家，其中畜禽养殖企业 49 家，其中湖北天种畜牧股份有限公司、汉口精武食品工业有限公司、武汉中粮肉食食品有限公司和武汉飘飘食品集团有限公司共 5 家企业为国家级重点龙头企业；武汉银河生态农业、湖北金林原种畜牧、汉南坛山畜牧、武汉金龙畜禽、湖北友芝友、武汉光明乳业等 17 家为省级农业产业重点龙头企业，经营范围涉及畜禽养殖、畜禽产品加工、饲料、动保和种苗生产等领域。畜牧业产业化经营全面推动了武汉市畜牧业区域化布局、专业化生产、规模化建设、系列化加工、企业化管理、一体化经营、社会化服务的生产格局形成，达到了行业增产、企业盈利和农民增收的目标。

畜牧行业协会是政府和畜牧企业之间的桥梁和纽带。目前，武汉市畜牧行业团体组织有武汉市畜牧兽医学会、武汉市家禽协会、武汉市奶

业协会、武汉市野生动物护养猎协会、武汉市饲料协会、武汉市蜂业协会、武汉市犬业协会和武汉市信鸽协会。畜牧业行业协会通过提供培训、咨询、沟通、监督、协调等服务，有利于行业自律和健康发展。

（三）财政扶持政策力度大，推动了全市畜牧业大发展

2000 年后，武汉市出台了一系列畜牧业发展扶持政策，扶持范围涉及畜禽养殖、畜禽产品加工、污染防治等领域，采用财政资金先建后补、贷款贴息等方式，扶持全市畜牧业做大做强，有效地推动了武汉市畜牧业规模化和现代化进程。2000 年后，武汉市出台的财政扶持政策如下：

（1）2003 年 5 月，武汉市委办公厅、市政府办公厅联合下发《关于大力发展畜牧业的意见》（武办发〔2003〕18 号），指出大力发展畜牧业是加快农业结构调整步伐、增强农业发展后劲、带动农民增收的关键途径，重点扶持畜禽养殖小区建设、畜禽产品加工龙头企业和市场体系建设。2003—2005 年期间，农民每年从国内其他地区购进 2000 头奶牛，从国外引进 600 头奶牛，市财政按头数（青年牛、成母牛）给予补贴，并对采取管道式挤奶或挤奶厅挤奶的养牛场给予机械购置补贴。市财政专项资金支持养殖规模在 1000 头奶牛、1 万头生猪和 10 万只蛋鸡及以上规模的养殖小区建设，财政资金用于畜禽养殖小区水、电、路等基础设施建设。同时，市财政还大力扶持畜禽产品加工龙头企业进行技术改造、扩大规模和品牌创建。

（2）2003 年 7 月，武汉市农业局根据〔2003〕18 号文的要求，出台《畜牧养殖小区建设和引种操作办法》（武农〔2003〕45 号），对畜禽养殖小区建设的标准和市财政扶持办法做了具体规定。对新建养殖规模达到 1000 头以上的奶牛养殖小区，按每头牛位 1000 元的标准，由市财政对水、电、路等基础设施建设给予补贴，机械挤奶设备按实际投资额的 15% 给予补贴；对新建养殖规模达到 1 万头以上的生猪养殖小区，按每头猪位 100 元的标准，由市财政对水、电、路等基础设施建设给予补贴；对新建养殖规模达到 10 万只以上的蛋鸡养殖小区，按每只鸡位

10 元的标准，由市财政对水、电、路等基础设施建设给予补贴；新建养殖小区引种按奶牛每头 800 元、种猪每头 200 元的标准给予补贴。为防治畜禽养殖小区的环境污染问题，2006 年武汉市出台新的扶持政策，对新建的养殖小区增加 50 万元的环保治理设施扶持资金，主要用于沼气工程建设，使建设每个标准小区（千头奶牛、万头生猪和十万只蛋鸡）的市财政补贴资金由 100 万元增加到 150 万元，并且对已建成但未享受环保治理补贴资金的畜禽养殖小区，只要按规定完成环保治理设施并经验收认可的，同样给予扶持。

（3）2007 年 8 月，武汉市人民政府印发《市人民政府关于促进生猪产业发展，稳定市场供应的意见》（武政〔2007〕59 号）规定：在全市实施能繁母猪保险和直补政策，保险费由市财政负担 80%，养殖户（场）负担 20%，生产母猪每头每年由市财政补贴 50 元，养殖小区的母猪由市财政按每头 200 元的标准一次性给予补贴；建立和完善生猪公共防疫服务体系，坚持预防为主，免疫与捕杀相结合，有效控制生猪疫情，对国家一类动物疫病和高致病性蓝耳病实行免费强制免疫，除国家、省承担的疫苗经费外，不足部分由市财政承担，防疫劳务费、区重大动物疫病防治指挥部运转经费，由区人民政府列入财政预算予以保证。2008 年 7 月，武汉市人民政府出台《关于促进畜禽产业持续健康发展的意见》（武政〔2008〕38 号），对新建的年出栏 1 万头以上的生猪原种场、扩繁场，市财政按每 1 万头给予基础设施建设补贴 100 万元，污染物综合利用及污染治理配套工程补贴 50 万元；对新建的家禽祖代（肉鸭、肉鸡、蛋鸡）养殖小区，存笼规模达到 1 万套以上的，市财政按每万套 30 万元的标准给予补贴；对新建的家禽父母代（肉鸭、肉鸡、蛋鸡）养殖小区，存笼规模达到 3 万套以上的，市财政按每万套 15 万元的标准给予补贴；对新建的蛋鸡（肉鸭、肉鸡、蛋鸡）养殖小区，存笼规模达到 10 万只以上的，市财政按每 10 万只 100 万元的标准给予补贴，用于基础设施建设；对新建的 150 个单批出笼 5 万—20 万只、年出笼 30 万—100 万只的肉鸭养殖小区，按每个鸭位 5 元的标准给予补贴，用于基础设施建设；对肉鸭和蛋鸡养殖小区污染物综合利用及污染治理配套工程按规模予以补贴。市政府在扶持畜禽养殖小区建设的同时，进一步加大家禽加工产业的扶持力度。要求各辖区对家禽加工龙头企业建设用地给予优先安排；对新建的家禽屠宰场，对年设计生产能力达到 1000 万只以上的，按每 1000 万只一次性给予 200 万元的补贴；对新建的家禽深加工项目，年设计生产能力达到 1 万 t 以上的，按每万 t 一次性给予补贴 300 万元；对新建的蛋品加工场，年设计生产能力达到 1 万 t 以上的，按每万 t 一次性给予补贴 200 万元。

（4）2013 年 3 月，武汉市人民政府印发《市人民政府批转市农业局市财政局关于支持我市现代都市农业发展补贴政策（2013—2015 年）实施意见的通知》（武政规〔2013〕2 号），出台了新的畜牧业发展扶持政策，文件规定：在环保达标的前提下，对新建的年出栏为 1 万—5 万头的生猪原种场、扩繁场，按照每万头给予 50 万元基础设施建设补贴；对新建的祖代种禽存笼规模达到 1 万套的，按照每万套 20 万元的标准给予补贴，父母代种禽存笼规模达到 5 万套的，按照每万套 10 万元的标准给予补贴；对建成后具备年存笼规模 50 万只的生产能力的新建蛋鸡养殖小区，每 10 万只给予 50 万元补贴；对年设计生产能力在 3 万 t 以上的禽加工项目和年设计生产能力在 1 万 t 以上的水产品加工项目，市财政按照不超过项目生产性投资总额的 7% 给予补贴；对市级以上农业龙头企业种植、养殖、加工等项目贷款，按上年度贷款利息给予一定比例的贴息，最高不超过 30% 。

第二节　武汉市畜牧业环境污染防治状况

2000 年后，武汉市畜禽养殖规模总量的扩张和规模化养殖所占比例加大，规模养殖小区尤其是千头牛场、万头猪场、百万只鸡场等规模化养殖场，大量而集中的畜禽粪便排放所引起的环境污染问题日益严峻，根据武汉市环境保护科学研究院张乃弟等（2011）[①] 2007 年 7 月至 2008 年 8 月对武汉市 277 家规模化畜禽养殖企业的调查，发现进行了建设项目环境影响评价的养殖企业有 60 家，仅占总数的 21.7%；具备污水处理设施的企业有 38 家，仅占总数的 13.7%；通过环保验收的企业有 22 家，仅占总数的 7.9%；规模化养殖场的畜禽粪便未能得到有效的处理和利用，使得大量的氮、磷元素流失，造成水体污染，畜禽养殖业成为武汉市新的污染源。

面对严峻的畜牧业环境污染形势，武汉市畜牧、环保等部门，结合中央和省政府出台的相关防治政策，根据武汉市畜牧业发展的实际，出台了一系列污染防治政策，将畜牧业列为全市环境监管的重要领域。2008 年 9 月，武汉市农业局（畜牧兽医局）印发《武汉市治理畜禽养殖面源污染实施方案》，是武汉市关于畜禽养殖小区环境污染防治的第一部规范性文件。2008 年 11 月，武汉市环保局印发《武汉市规模化养殖小区环境污染防治技术导则》（试行），《导则》从适用范围、基本原则、选址要求、场地布局与清粪工艺、畜禽粪便的贮存、污水处理、固体粪便的处理利用、粪尿混合处理、病死畜禽的处理与处置、畜禽养殖小区排污的监测 10 个方面做出了具体的技术规范要求，是武汉市环保部门颁布的第一部专门针对畜禽养殖小区污染防治的具有法规性的技术规范文件。2009 年 5 月，武汉市政府发布《武汉市畜禽养殖小区污染治理工作方案》，要求从 2009 年起用 3 年的时间完成全市 242 个规模化养殖小区的污染治理工作。

2009 年 6 月，武汉市环保局印发《武汉市规模化畜禽养殖小区环

[①] 张乃弟、沙茜、普劲松：《武汉市畜禽养殖污染状况调查及建议》，《环境科学与技术》2011 年第 6 期。

境污染治理验收标准》（武环〔2009〕48号），规定新建养殖小区应依
法办理环境影响评价审批手续，环境保护设施应与主体工程同时设计、
同时施工、同时投产使用，并强调规模化畜禽养殖小区环境污染治理应
遵循"资源化、无害化和减量化"的原则，首选"农牧结合、种养平
衡"的治理方式，但对于无相应消纳土地的养殖小区，必须配套建设粪
污处理设施，确保达标排放。该《标准》推荐了沼气利用、垫料吸附、
污水处理、种养结合和有机肥生产总计5类环保治理模式。（1）沼气
利用模式：要求养殖场配套建设沼气池，对养殖场粪污进行厌氧发酵无
害化处理，沼液、沼渣还田利用，土地消纳的标准为1万头生猪（或
1000头牛）配套1000亩土地，如果周边没有足够的土地用于消纳沼
液、沼渣，则需对沼液、沼渣进行处理，外排需符合畜禽养殖业污染物
排放标准，该模式主要在生猪、奶牛、肉牛养殖小区推广；（2）生态
发酵床模式：生态发酵床养殖是一种全新的生态养殖技术，具有无污
染、零排放的特点，要求养殖场把栏舍改造成发酵床，在栏舍铺设木屑
等垫料，并添加有益微生物使畜禽粪便与垫料等混合发酵转化为有机
肥，该模式主要在生猪、肉鸡、肉鸭养殖小区推广；（3）污水处理模
式：要求畜禽养殖小区配套建设厌氧发酵、好氧处理等设施，对养殖污
水进行深化处理，实现达标排放，该模式主要在缺乏足够土地消纳畜禽
粪污的养殖小区推广；（4）种养结合模式：适用于周边有林果、瓜菜
基地的畜禽养殖小区，养殖小区根据《畜禽粪便无害化处理技术规范》
的要求，养殖粪污进行无害化处理后，可直接作为有机肥用于林果、果
菜种植，还田利用的标准为1万头生猪（或1000头牛）配套1000亩土
地，并要求畜禽养殖小区与消纳土地（林地）之间有完善的输送网络，
需配置吸粪车或铺设封闭管网，无害化处理后污水对外排放需应符合畜
禽养殖污染物排放标准；（5）有机肥生产模式：因鸡粪易收集、养分
含量高，蛋鸡和肉鸡养殖小区可配套建设有机肥加工厂，对鸡粪进行加
工，生产商品有机肥对外销售。

第三节　畜禽养殖场环境污染防治意愿实证分析

畜禽养殖场业主是否积极参与是畜禽养殖业环境污染防治成败的关键所在，直接关系到政府畜禽环境污染防治政策的实施效果。武汉市畜牧业发展引起的环境污染问题，早已引起政府和社会的关注，2000 年以后，武汉市政府先后出台了一系列畜牧业环境污染防治政策措施。由于散户和小规模养殖造成的污染相对较小，且监管成本较高，武汉市出台的污染防治政策主要针对规模化畜禽养殖场。因此，本章选取武汉市郊区 103 家年出栏 500 头以上的规模化养猪场为样本，采用二元 Logisitic 回归模型，从微观上分析影响养殖场开展环境污染防治意愿的因素，并分析其作用方向和作用程度。

一　研究方法

本节运用二元 Logistic 回归模型，从畜禽养殖业主的角度，实证分析畜禽养殖场开展环境污染防治意愿的影响因素和影响程度。Logistic 回归分析模型在分析认知、行为选择、技术采纳等影响因素领域被广泛运用。何如海等（2013）[①] 针对畜禽养殖业的面源污染问题，根据安徽省合肥、蚌埠、淮南 3 市 71 家奶牛养殖场的实地调查数据，运用二元 Logistic 回归模型，分析影响养殖场在生产过程中采用粪污清洁处理技术意愿的因素，得出受教育程度、家庭收入水平、产业组织化程度、单位奶牛养殖面积、粪尿综合利用收益和粪尿是否分离处理与养殖户采用清洁处理方式呈正向关系，而养殖场业主年龄与其呈反向关系。陶群山

---

① 何如海、江激宇、张士云、尹昌斌、柯木飞：《规模化养殖下的污染清洁处理技术采纳意愿研究——基于安徽省 3 市奶牛养殖场的调研数据》，《南京农业大学学报》（社会科学版）2013 年第 3 期。

等（2013）① 就环境约束条件下农户对农业新技术采纳意愿的影响因素问题，对安徽省 336 个农户展开调查，并运用二元 Logistic 回归模型进行分析，分析表明，农户的环境意识、销售渠道、政府补贴和宣传与新技术采纳意愿呈正向变化关系，而农户的社会网络关系和农户采纳新技术的难易程度与农户对新技术采纳意愿呈反向变化关系。张婷（2012）② 基于计划行为理论，以四川省 512 户绿色蔬菜生产农户为例，运用二元 Logistic 回归模型分析了影响农户绿色蔬菜生产行为的主要因素，研究表明：农户参与绿色蔬菜生产的预期收益、农户合作评价、农户质量控制、农户个人特征对农户选择绿色蔬菜的生产行为具有正向相关的关系，而绿色蔬菜生产成本则与农户选择绿色蔬菜生产行为存在负向相关的关系。谢宏佐、陈涛（2012）③ 运用二元 Logistic 模型，根据对国内 3489 位网民问卷调查所获数据，研究发现：我国公众应对气候变化的行动意愿受性别、年龄、关注气候变化的程度、对气候变化引起粮食危机、环境污染和危害人类健康的相信程度等因素的影响。王玉新等（2012）④ 基于对生态脆弱地区 576 户牧民的实地调查，运用 Logistic 回归模型，实证分析了影响牧民对生态畜牧业的认知程度的因素，研究得出：牧户的专业化程度、牧户使用畜牧良种情况、畜牧业收入占家庭收入比例、政府对生态畜牧业的宣传情况和政府技术推广情况等因素对牧民的生态畜牧业认知有显著的正向影响。张晖等（2011）⑤ 基于计划

---

① 陶群山、胡浩、王其巨：《环境约束条件下农户对农业新技术采纳意愿的影响因素分析》，《统计与决策》2013 年第 1 期。

② 张婷：《农户绿色蔬菜生产行为影响因素分析——以四川省 512 户绿色蔬菜生产农户为例》，《统计与信息论坛》2012 年第 12 期。

③ 谢宏佐、陈涛：《中国公众应对气候变化行动意愿影响因素分析——基于国内网民 3489 份的调查问卷》，《中国软科学》2012 年第 3 期。

④ 王玉新、吕萍、张艳荣：《生态畜牧业视角下农户经济行为的实证研究——基于甘肃省 576 个牧户的样本数据》，《干旱区资源与环境》2012 年第 1 期。

⑤ 张晖、虞祎、胡浩：《基于农户视角的畜牧业污染处理意愿研究——基于长三角生猪养殖户的调查》，《农村经济》2011 年第 10 期。

行为理论分析框架，利用长三角地区 207 户生猪养殖户的实地调查数据，运用二元 Logistic 模型分析了影响农户参与畜禽粪便无害化处理意愿的影响因素，实证分析表明：养殖规模、政府补贴和农户对畜禽污染的认知程度对农户参与畜禽粪便无害化处理的意愿具有显著影响。张利国（2011）[①] 根据对江西省 278 个农户的调查数据，运用二元 Logistic 回归模型分析影响农户从事环境友好型农业生产行为的因素，研究表明：农民文化程度、家庭种植面积、是否参加过环境友好型农业培训、是否接受过环境友好型农业技术指导以及对环境是否关心显著影响农户是否从事环境友好型农业生产。陈默等（2010）[②] 以苏南地区 212 家工业出口企业为例，运用二元 Logistic 模型，研究了影响工业出口企业低碳生产意愿与主要因素。研究表明，企业的研发投入能力、销售规模、管理者年龄、所有制性质等企业特征，强制性的制度安排与政策体系等外部因素对低碳生产意愿具有显著的正向作用。杨建州等（2009）[③] 基于对福建省永安市八一村和沙县延溪村的调查数据，运用二元 Logistic 回归模型，分析了农业部农业农村"十大"节能减排技术的农户采纳影响因素，研究表明：农户是否采纳沼气技术的行为受是否获得政府补贴、农户对污染的可控性态度、经营土地总面积和家庭能源月消费额四个因素的显著影响；农户是否采纳太阳能技术受农户受教育年限和采纳技术是否获得政府补贴的显著影响；农户是否采纳轮作技术主要是受教育年限、经营土地总面积、获取农业信息的渠道数等因素的影响。

畜禽养殖场开展环境污染防治的意愿是一个二分变量，即愿意或不愿意。本节运用二元 Logistic 回归模型，分析畜禽养殖场开展环境污染

[①]　张利国：《农户从事环境友好型农业生产行为研究——基于江西省 278 份农户问卷调查的实证分析》，《农业技术经济》2011 年第 6 期。

[②]　陈默、王晓莉、吴林海：《R&D 投入能力、企业特征、政府作用与企业低碳生产意愿研究》，《科技进步与对策》2010 年第 22 期。

[③]　杨建州、高敏珲、张平海、陈丽娜、邓美珍：《农业农村节能减排技术选择影响因素的实证分析》，《中国农学通报》2009 年第 23 期。

防治的意愿受哪些因素影响。用养殖场业主开展污染防治的意愿作为二元 Logistic 回归模型分析的因变量，已经开展污染防治的养殖场视为愿意，选取养殖场决策者的个人特征信息、养殖场决策者的认知因素、养殖场的经营特征和养殖场的外部因素等作为自变量。Logistic 模型的表达形式如下：$P = F(Z) = \dfrac{1}{1 + e^{-z}}$，其中，$Z$ 是变量 X_1，X_2，$\cdots$，X_n 的线性组合，即 $Z = b_0 + b_1 X_1 + \cdots + b_n X_n$，由式 P 和式 Z 的表达式变换得出以发生比（odds）表示的二元 Logistic 回归模型形式为 $\ln(\dfrac{P}{1 - P}) = b_0 + b_1 X_1 + \cdots + b_n X_n + e$，式中，$P$ 为养殖场业主开展环境污染防治意愿的概率，$X_i (i = 1, 2, \cdots, n)$ 为自变量，即影响因素；$b_i (i = 1, 2, \cdots, n)$ 为第 i 个影响因素的回归系数；e 为随机误差项。b_0 和 b_1 的值可以用极大似然估计方法进行估计。

二　数据来源

2013 年 8—10 月，课题组对武汉市规模化猪场分布较多的江夏、汉南、黄陂等新城区 126 家猪场展开调研，共获得有效问卷 103 份，问卷有效率 81.7%。其中调查选取的主要区域江夏区是全国生猪调出大县，也是全省唯一获得国家级农业标准化示范县称号的生猪养殖示范基地，2012 年全区出栏生猪 102.1 万头，出笼家禽 2300.72 万只，出栏肉牛 11057 头，禽蛋产量 3.21 万 t，肉产量 12.48 万 t，畜牧业产值 33.39 亿元。全区标准化万头以上规模猪场年出栏生猪 86.47 万头。全区畜禽标准化水平较高，现有畜禽小区 108 处，其中：万头以上生猪小区 52 处、30 万只肉鸡小区 12 处、30 万只肉鸭小区 33 处、种畜禽小区 5 处、40 万只蛋鸡小区 4 处、奶牛小区 2 处。其中：国家级核心育种场 2 家，国家级畜禽标准化示范场 5 家。江夏区境内大小湖泊 136 处，主要湖泊有梁子湖、大沟湖、牛山湖、豹澥、鲁湖、后石湖、斧头湖、上涉湖、团墩湖、汤逊湖、青菱湖等，主要河流有长江、金水河流经西部，畜禽养殖污染防治的形势尤为严峻。本书获得的有效问卷分布情况见表5-1。

表5-1　　　　　　　　受访养殖场行政区域分布情况

行政区域	养殖场数量（个）	所占比例（%）
江夏区	78	75.73
汉南区	9	8.74
黄陂区	7	6.80
蔡甸区	4	3.88
新洲区	3	2.91
东西湖区	2	1.94

三　自变量选取及预期作用方向

畜禽养殖场开展污染防治的意愿受到诸多因素影响。根据已有研究成果和实地调查情况，本节将影响畜禽养殖场开展污染防治意愿的因素分为养殖场决策者个人特征信息（包括年龄、文化程度、养殖年限）、养殖场经营特征信息（包括养殖规模、近3年经济效益情况、土地流转规模、融资渠道是否畅通）、畜禽污染认知因素（包括对畜禽养殖污染的认知程度、是否认为畜禽养殖会加剧气候变暖、污染防治经济上是否划算）和外部因素（包括养殖场是否有来自环保部门的监管压力、养殖场环境问题是否影响到与周边农民和村委会或政府的关系）。

（一）养殖场决策者个人特征信息

养殖场所有人或全权经营者是养殖场的决策者，从主观上影响养殖场是否开展畜禽养殖污染防治。决策者的年龄越大，对新事物、新观念和新知识的接受程度越低，越不容易认识到畜禽养殖带来的环境污染问题，对开展污染防治预期作用方向为负。文化程度越高，越容易认识到畜禽养殖污染防治的必要性和重要性，开展污染防治的可能性越大，对开展污染防治的预期作用方向为正。养殖年限代表决策者的养殖经验，养殖年限越长，可能传统的养殖观念越重，不容易接受养殖业环境污染的认知；也可能对整个养殖行业发展趋势认识更为深刻，更容易认识到畜禽养殖环境污染问题，更愿意开展污染防治，对开展污染防治的预期作用方向未知。

（二）养殖场决策者的认知因素

养殖场决策者认为畜禽养殖污染的程度越高，开展污染防治的可能性越大，对开展污染防治的预期作用方向为正。决策者若能认识到畜禽养殖会加剧气候变暖，开展污染防治的可能性越大，对开展污染防治的预期作用方向为正。污染防治在经济上越划算，养殖场开展污染防治的意愿越强烈，对开展污染防治的预期作用方向为正。

（三）养殖场经营特征信息

养殖场经营特征信息是影响养殖场开展畜禽养殖污染防治的客观因素。养殖规模越大，畜禽粪便排放量越大越集中，越容易产生环境污染问题，养殖场开展污染防治的意愿可能越大，对开展污染防治的预期作用方向为正。养殖场的经营效益越好，越有实力开展污染防治，对开展污染防治的预期作用方向为正。土地流转规模越大，开展污染防治的意愿越大，因为通过对畜禽粪便进行资源化利用，实施种养结合，既可以节约种植业化肥投入，又可以提高粮食、蔬菜等农产品的品质，能够产生更好的经济效益，对开展污染防治的预期作用方向为正。融资渠道越畅通，养殖场更能承受因市场、疫病等因素引起的经营风险，开展污染防治的可能性才会更大，对开展污染防治的预期作用方向为正。

（四）养殖场的外部因素

养殖场的用地属一般农用地，多为养殖场租赁村集体的土地，若养殖场的环境污染影响到与周边农民、村委会或政府的关系，考虑到养殖场的正常经营，养殖场开展污染防治的可能性越大，对开展环境污染防治的预期作用方向为正。若环保不达标，环保部门的排污处罚费用会直接加大养殖成本，若污染严重，还可能被停产，来自环保部门的监管力度越大，养殖场开展污染防治的可能性越大，对开展污染防治的预期作用方向为正（见表5-2）。

表5-2　畜禽养殖场环境污染防治意愿影响因素的定义及预期方向

变量	定义	平均值	预期作用方向
开展环境污染防治的意愿（Y）	0 = 不愿意；1 = 愿意	0.53	
决策者年龄（X_1）	1 = 29 岁及以下；2 = 30—39 岁；3 = 40—49 岁；4 = 50—59 岁；5 = 60 岁及以上	3.39	-
决策者文化程度（X_2）	1 = 文盲；2 = 小学，3 = 初中；4 = 高中或中专；5 = 大专及以上	3.47	+
养殖年限（X_3）	1 = 5 年及以下；2 = 6—10 年；3 = 11—15 年；4 = 15 年及以上	2.19	？
年出栏生猪规模（X_4）	1 = 500—999 头；2 = 1000—2999 头；3 = 3000—4999 头；4 = 5000—9999 头；5 = 10000—29999 头；6 = 30000—49999 头；7 = 50000 头及以上	3.61	+
近 3 年经济效益情况（X_5）	1 = 很不好；2 = 不太好；3 = 一般；4 = 比较好；5 = 很好	3.24	+
土地经营规模（X_6）	1 = 99 亩及以下；2 = 100—499 亩；3 = 500—999 亩；4 = 1000—2999 亩；5 = 3000 亩及以上	1.95	+

变量	定义	平均值	预期作用方向
融资渠道是否畅通（X_7）	0＝否；1＝是	0.45	+
认为畜禽养殖污染程度（X_8）	0＝没有污染；1＝污染很小；2＝一般污染；3＝污染很大；4＝污染严重	1.35	+
是否认为畜禽养殖会加剧气候变暖（X_9）	0＝否；1＝是	0.09	+
畜禽养殖污染防治经济上是否划算（X_{10}）	0＝否；1＝是	0.40	+
是否有来自环保部门的监管压力（X_{11}）	0＝没有压力；1＝压力很小；2＝有一定压力；3＝压力较大；4＝压力很大	2.05	+
是否因环保问题影响到与周边农民、村委会或政府的关系（X_{12}）	0＝否；1＝是	0.67	+

四　实证分析结论

（一）模型估计结果

运用 SPSS 19.0 统计软件对 103 份有效样本数据进行二元 Logistic 回归分析。采用 Wald 值向后逐步回归方法，逐步剔除 Wald 值最小的变量，直到所有的解释变量都达到显著水平为止。在该逐步回归模型中共进行了 9 次回归分析，选择第 1 步和第 9 步的回归分析结果进行对比分析，结果见表 5 – 3。

表 5 - 3　　　　　畜禽养殖场环境污染防治意愿影响因素估计结果

模型解释变量	第 1 步				第 9 步			
	系数	标准差	Wald 值	显著度	系数	标准差	Wald 值	显著度
X_1	0.436	0.598	0.532	0.466				
X_2	0.252	0.553	0.208	0.649				
X_3	-0.204	0.587	0.120	0.729				
X_4	0.825 *	0.469	3.100	0.078	0.709 **	0.301	5.553	0.018
X_5	0.983	0.688	2.038	0.153				
X_6	1.591 **	0.640	6.177	0.013	1.173 **	0.469	6.249	0.012
X_7	-1.692	1.238	1.867	0.172				
X_8	-0.236	0.608	0.151	0.698				
X_9	-1.838	1.423	1.669	0.196				
X_{10}	2.207 *	1.207	3.344	0.067	2.289 **	0.967	5.607	0.018
X_{11}	1.451 **	0.606	5.724	0.017	1.118 **	0.456	6.012	0.014
X_{12}	-0.322	1.269	0.065	0.799				
常量	-13.446 ***	4.284	9.851	0.002	-8.092 ***	2.049	15.593	0.000
-2 对数似然值	39.227		45.647					
Cox & Snell R^2	0.632		0.609					
Nagelkerke R^2	0.845		0.813					
预测准确率	96.1%		90.3%					

注：* 、** 、*** 分别表示统计值在 10% 、5% 和 1% 的置信水平上显著。

（二）实证结果分析

根据模型最终估计结果（见表 5 - 3 中第 9 步）显示，模型整体拟合优度较高，具有较强的可信度。回归结果显示，养殖场养殖规模、土地经营规模、污染防治经济成本和来自环保部门的监管压力对养殖场开展污染防治的概率具有显著影响，而养殖场决策者年龄、文化程度、养殖年限、近3年效益情况、融资渠道是否畅通、对畜禽养殖污染程度的认知、是否认为畜禽养殖会加剧全球气候变暖和是否因养殖场环保问题影响到与周边村民、村委会或政府的关系对养殖场开展污染防治不具有显著影响。具体分析结果如下：

（1）养殖规模对畜禽养殖场污染防治意愿具有显著正影响

养殖规模对畜禽养殖场开展污染防治的影响系数为正，与预期方向相符。实证研究表明，随着畜禽养殖场养殖规模的扩大，其开展污染防治的意愿上升。养殖规模越大，畜禽粪便排放量越大，大量而集中的畜禽粪便如果处理不当，将会对养殖场周边环境产生污染，随着养殖规模的扩大，环保部门对其监管的力度也越大。所以随着养殖规模的扩大，养殖场开展污染防治的意愿越大。

（2）养殖场土地经营规模对畜禽养殖场污染防治意愿具有显著正影响

养殖场土地经营规模对畜禽养殖场开展污染防治的影响系数为正，与预期方向相符。实证研究表明，随着畜禽养殖场土地经营规模的扩大，其开展污染防治的意愿上升。畜禽粪便经处理后需要足够的土地消纳，养殖场土地经营规模越大，越需要开展粪污还田利用，可以产生良好的经济效益，养殖场开展污染防治的积极性就越高。

（3）污染防治经济上是否划算对畜禽养殖场污染防治意愿具有显著正影响

畜禽养殖污染防治经济上是否划算对畜禽养殖场开展污染防治的影响系数为正，与预期方向相符。畜禽养殖污染防治的经济成本直接关系到养殖场开展畜禽污染治理的经济效益，若开展污染防治经济上划算，则养殖场的积极性就越高；反之，积极性就越低。

（4）来自环保部门的监管压力对畜禽养殖场污染防治意愿具有显著正影响

来自环保部门的监管压力对畜禽养殖场开展污染防治的影响系数为

正，与预期方向相符。实证研究表明，随着来自环保部门的监管压力的增加，其开展污染防治的意愿上升。

第四节　本章小结

本章以武汉市为例，回顾了武汉市自新中国成立以来畜牧业发展历程，并总结了武汉市畜牧业的发展特征，尤其是改革开放以来，畜牧业在全市农业产业中的地位显著上升，养殖规模化程度大幅提高，畜牧业产业化经营发展迅速，畜牧行业团体组织蓬勃发展，尤其是财政扶持政策力度大，推动了武汉市畜牧业大发展。武汉市畜牧业在发展过程中同样遇到了严峻的环境污染问题，在一定程度上而言，武汉市畜牧业的发展是我国畜牧业发展的一个缩影，选择武汉市作为样本区域，具有一定的代表性。2000 年后，针对畜牧业发展引发的环境污染问题，武汉市政府先后出台了一系列环境污染防治政策，本章对其进行了梳理，摸清了武汉市畜牧业环境污染防治政策状况，为分析畜禽养殖场开展环境污染防治的意愿奠定了基础。

本章以武汉市年出栏 500 头以上的 103 家规模化生猪养殖场为样本，运用二元 Logistic 回归分析模型对养殖场污染防治意愿予以分析，研究表明：养殖规模、土地经营规模、污染防治的经济成本和来自环保部门的监管压力，对畜禽养殖场开展污染防治的意愿具有显著的正向影响。养殖场决策者年龄、文化程度、养殖年限、近 3 年效益情况、融资渠道是否畅通、对畜禽养殖污染程度的认知、是否认为畜禽养殖会加剧全球气候变暖和是否因养殖场环保问题影响到与周边村民、村委会或政府的关系，对养殖场开展环境污染防治的意愿不具有显著影响。

第六章

畜禽养殖场环境污染防治个案分析

　　武汉银河猪场是全国畜禽标准化养殖百例示范场，该猪场通过建设大型沼气治污工程、实施土地流转与整理开发、严格规范生猪饲养管理、开展粪污资源化利用和农牧一体化经营，较好地解决了猪场环境污染问题，并实现了良好的经济效益，在畜禽养殖污染防治与粪污综合利用领域具有一定影响力。本章选择武汉银河猪场为案例，科学总结该猪场开展污染防治的措施，根据环境监测数据，分析该猪场污染物处理效果；采用猪场投入—产出数据及财务数据，分析该猪场开展环境污染防治的经济效益；运用能值分析模型，从资源减量化、环境承载压力和系统生产效率3个方面，评估猪场开展污染防治的生态效益。通过对武汉银河猪场污染防治个案的分析，可为我国畜牧业环境污染防治策略的制定提供参考。

第一节　案例猪场概况与污染防治措施

一　案例猪场概况

　　武汉银河猪场位于湖北省武汉市江夏区法泗街道，全称"武汉银河生态农业有限公司"，成立于1997年8月，注册资本1500万元，为民营企业，拥有 4 座规模化猪场、33.33hm² 鱼塘和 266.67hm² 循环农业基地，年出栏生猪 5 万头，生猪饲养获得农业部无公害大型生猪养殖基地认证和 ISO 9001：2008 质量管理体系认证，循环农业基地生产的湘莲、藕、红菜薹、辣椒等蔬菜已通过农业部绿色食品认证。为解决猪场粪污的环境污染问题，自 2008 年起，该猪场先后流转了周边 3 个村 13 个村民小组 266.67hm² 土地，并以猪场 7300m³ 发酵容量的大型沼气工程为纽带，开展"三沼"综合利用，发展循环农业，在畜禽养殖污染防治领域取得了显著成效，并推动了当地新农村建设，该猪场以及其所在村庄先后被农业部授予"全国畜禽养殖标准化百例示范场"和"全国首批美丽乡村创建试点"，在沼气发酵技术领域获得了 2012 年度湖北省科技进步二等奖，并经湖北省政府学位委员会、省教育厅挂牌成立湖北省研究生工作站，具有良好的个案研究推广价值。同时，武汉银河猪场还获得"全国科普惠农兴村先进单位"、"湖北省农业产业化重点龙头企业、"科技部星火科技项目实施单位"等称号，公司董事长胡贤和被授予"全国沼气之星"。

二　案例猪场污染防治措施

武汉银河猪场是由个体养猪户发展成的年出栏 5 万头的规模化猪场，为解决生猪粪污排泄的环境污染问题，银河猪场配套建设了大型沼气工程对粪污进行处理，并陆续流转周边农民 266.67hm² 土地用于消纳沼液沼渣，并为流转土地的农民建设了新农村，沼气供应农户做清洁能源，实现了猪场粪污的无害化处理和资源化综合利用，取得了良好的效果，主要措施如下：

（一）建设大型沼气工程，对粪污进行无害化处理

随着养猪规模的扩大，银河猪场同步扩大沼气治污工程规模，以满足粪污处理的需要。猪场养殖规模经历了 4 次扩张。1993 年开始养猪，年出栏规模 200 头，配套建设 50m³ 混凝土沼气池；1997 年，养殖规模

扩大至年出栏 5000 头，配套建设 300m³ 混凝土沼气池；2004 年，新建年出栏 2 万头猪场，配套建设 2500m³ 沼气工程，采用改进的台湾三段式红泥塑料畜禽污水处理工艺；2008 年，新建年出栏 2 万头猪场，配套建设 3000m³ 红泥塑料沼气工程和 600m³CSTR 中温发酵沼气工程；2010 年，对原年出栏 5000 头的老猪场扩建达到年出栏 1 万头，并配套建设 1200m³ 红泥塑料沼气工程，混凝土式沼气工程不再使用。至此，银河猪场年出栏生猪规模达 5 万头，常年存栏生猪 2.3 万头。园区内每座猪场均配套大型沼气工程，沼气工程厌氧发酵总容量 7300m³。为方便粪污收集，猪舍中设"水厕所"，猪只经过驯化在"水厕所"集中排便，"水厕所"与排污沟和沼气池相连，每天冲洗 1—2 次，实现了粪污的日产日清，既节省水资源又节省人工。猪场粪污经沼气工程厌氧发酵，可有效杀死粪污中的蛔虫卵、大肠杆菌等有害物质，达到粪污无害化的要求，沼液经氧化塘好氧处理后，其中的有机物经过降解和转化后，可用于农作物灌溉施肥，实现综合利用。

（二）流转整理土地，解决粪污土地消纳需要

银河猪场紧靠湖泊，若无足够的土地消纳沼气治污工程排出的沼液沼渣，将会对湖泊水体造成污染。根据武汉市环保局制定的"存栏 1 万头生猪，配套 66.67hm² 土地"的消纳标准，猪场陆续将紧邻猪场的大路村、法泗村和珠琳村共 3 个村 13 个小组 266.67hm² 土地流转用于消纳沼液沼渣。土地流转首先从大路村 1 组 16 户农民 12.67hm² 土地开始，最初只有 10 户农民同意流转，按照土地连片的原则，银河猪场先流转其中 7 户农民约 6hm² 土地，并签订流转合同，同步实施土地整理开发，配套水利、道路等农业基础设施，利用沼液沼渣施肥改良土壤，土地整理开发完成后按实测的土地面积（包括整理后的荒坡地，但要扣除田间道路和水利设施面积）按协商的流转价格支付流转费，种粮等政策性补贴仍归农民所有，这样，原本观望的 6 户农民考虑到土地流转对农业基础设施和土壤质量的改善，并能得到合理的流转费收入，全部同

意将土地流转给银河猪场，如此，实现了 3 个村 13 个小组 266.67hm² 土地的流转。由于当地属低丘岗地红壤地带，土壤较为贫瘠，田块零散分布，农田水利、道路等农业基础设施匮乏，银河猪场对流转的全部土地进行整理开发以满足沼液沼渣综合利用和农业规模经营的需要。

（三）种养结合、沼气供户，实现粪污综合利用

银河猪场常年存栏生猪约 2.3 万头，生猪排泄的粪尿和冲洗水进入沼气治污工程处理后，日排放沼液沼渣约 600t，发酵产生的沼液经氧化塘曝气，再与灌溉水按一定比例混合经加压水泵和 PE 管道并联输送到每一块农田，沼液中含有丰富的氮、磷、钾、有机质以及丁酸、吲哚乙酸、维生素 B_{12} 等活性抗性物质，具有促进作物生长和控制病害发生的双重作用。沼液经农作物、苗木等吸收后再经排水系统进入鱼塘，鱼塘水体消毒后再用来冲洗猪舍；沼渣作为饲料供应 3.33hm² 蚯蚓养殖基地，蚯蚓粪用于设施蔬菜育苗和有机蔬菜种植；沼气供应新农村 228 户农民、乡村餐馆和公司食堂。通过种养结合、土地消纳和沼气供户，实现猪场粪污的综合利用。

（四）严格规范饲养过程投入品管理

银河猪场已通过 ISO 9001：2008 质量管理体系认证，在生猪饲养生产管理中，一方面，严格规范饲料添加剂和预混剂的使用，避免猪粪便中的重金属过量导致农田土壤健康功能下降和威胁食品安全；另一方面，在生猪饲料和饮水中添加 EM 益生菌，用于抑制粪便臭味的产生，减少猪场对周边的空气污染，同时 EM 益生菌还可以提高饲料的适口性和营养价值，并能有效驱灭蚊蝇，阻止养殖场所中病菌与疾病的传染。

（五）多渠道整合资金，开展农牧一体化经营

银河猪场沼气治污工程累计投资 650 万元，获财政支农资金 378 万元；266.67hm² 循环农业园区低丘岗地整理、农田道路与水利设施建设、沼液管道铺设、农用电输变设施和农机购置等累计投资 1836 万元，每公顷平均投资 68850 元，获财政支农资金 955 万元。出于猪场卫生防

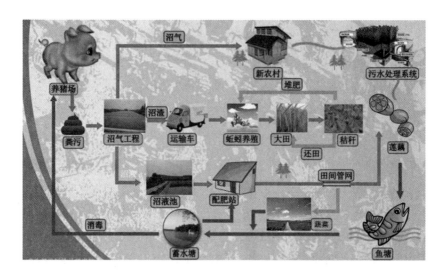

图 6-1　武汉银河猪场粪污综合利用示意图

疫和园区农牧一体化经营的需要，猪场依托"湖北省城乡建设用地增减挂钩项目"，将距离猪场1km以内的5个村民小组228户村民拆迁集中安置在距离猪场2km的县级公路旁边，并配套公共服务设施，新农村总投资5100万元，其中增减挂钩项目财政补偿资金3336万元（项目区新农村节约宅基地13.91hm²，江夏区政府按240万元/hm²予以奖励），农民出资1140万元（每户农民出5万元），剩余资金由银河猪场净投资624万元。综上所述，银河猪场沼气治污、农业园区与新农村建设累计投资7586万元，其中财政支农资金4669万元、农民出资1140万元、企业净投资1777万元。由于财政支农资金采取先建后补的方式补偿，且新农村建设农民出资部分也是入住后分期付给银河猪场，猪场需通过融资解决建设资金缺口，银河猪场利用流转的土地承包经营权、固定资产投资等累计向银行贷款4200万元用于项目建设，有效地整合了财政支农资金、信贷资金和社会资金，调动了政府、企业和农民三方积极性。通过猪场环境污染防治和粪污的综合利用，银河猪场形成了以规模化养猪为主、蔬菜苗木和水产养殖为辅的产业结构，266.67hm²种养循环农业园区内建成设施蔬菜基地 106.67hm^2、苗木基地 80hm^2、莲藕基地 33.33hm^2、鱼塘 33.33hm^2 和蚯蚓养殖基地 3.33hm^2，凭借园区良好的生态环境和严格的生产管理，已搭建起完善的种养结合循环农业产业链，实现了农牧一体化经营。

第二节　案例猪场污染物处理效果分析

由于银河猪场紧靠湖泊，在开展污染防治之前，尤其是 2004 年第 2 次扩大养猪规模后，因为缺乏足够的土地消纳猪场粪污，不可避免地对周边水体、土壤和空气造成环境污染，导致猪场面临极大的环保压力，有被环保部门勒令停产整顿的可能，环保问题已成为猪场发展的最大障碍。通过建设大型沼气工程、流转整理土地和开展粪污综合利用等措施，银河猪场已彻底解决猪场发展的环保瓶颈，经农业部农业环境质量监督检验测试中心（武汉）监测，该猪场污染物处理的效果如下：

一　水体污染治理效果

经监测，银河猪场沼气池进料口（即猪场直排出的养殖污水）的 COD、BOD$_5$、悬浮物、NH$_3$ – N 和总磷的均值分别为 2270.73mg/L、222.5mg/L、54.5mg/L、18.57mg/L 和 0.73mg/L，若不经处理直排入外围湖泊，将对水体造成严重污染。经过沼气池厌氧发酵处理和农田利用，以上指标值分别下降为 35.33mg/L、7.5mg/L、28.50mg/L、3.43mg/L 和 0.09mg/L，远低于《畜禽养殖业污染物排放标准》（GB 18596—2001）所规定的水污染物达标排放标准。

二　土壤污染治理效果

经监测，采用沼液沼渣施肥的银河猪场种养结合循环农业园区农田土壤中重金属元素 Cd、Hg、As、Cu、Pb 和 Cr 的含量分别为 0.176mg/kg、0.081mg/kg、14.14mg/kg、31.24mg/kg、34.24mg/kg 和 82.32mg/kg，完全符合《绿色食品产地环境质量标准》，未出现因猪粪便还田施肥造成的土壤重金属超标。同时，土壤肥力有明显提高，与 2009 年未施用沼液沼渣相比，土壤有机质平均含量由 2.4% 提高到 2012 年的 6.75%。园区生产的蔬菜等农作物均已通过农业部绿色食品认证。

三　空气污染治理与温室气体减排效果

银河猪场通过在生猪饲料和饮水中添加益生菌，并对粪污进行厌氧发酵处理，且沼气通过脱硫全部作为清洁能源利用，猪场及周边的臭味不显著，故未采取臭气浓度监测。综合考虑季节变化对沼气池发酵效率的影响，常温式红泥塑料沼气工程产气率约为 0.3，中温沼气工程产气率约为 0.6，猪场沼气工程年产沼气约 86.5 万 m^3，根据《武汉市产业能效指南》（2011 年版），猪场通过粪污资源化利用，年可节约燃料、肥料折合标准煤约 731.65t（$1m^3$ 沼气折合 0.714kg 标准煤，年节约肥料 200 万元，肥料万元产值能耗 3.57t 标准煤），根据国家发展和改革委员会公布的"十一五"期间节能 6.3 亿 t 标准煤、减排 CO_2 14.6 亿 t 折算，每吨标准煤可减排 2.32t CO_2，银河猪场年可减排 1653.86t CO_2。

第三节　案例猪场污染防治经济效益分析

通过开展环境污染防治，武汉银河猪场搭建起集生猪养殖、水产养殖、设施蔬菜种植、苗木繁育、蚯蚓养殖和莲藕种植为一体的种养结合循环农业系统，取得了较好的经济效益。根据武汉银河猪场提供的投入产出数据及财务报表，计算得出 2013 年度武汉银河猪场循环农业系统实现销售收入 9773.42 万元，总成本 8098.53 万元，实现利润 1674.90

万元，产投比为 1.21；其中：猪场实现销售收入 6846 万元，总成本 6394.25 万元，实现利润 451.75 万元，产投比为 1.07（见表 6-1）。可见，武汉银河猪场循环农业系统不仅克服了猪场环境污染问题引发的生存危机，而且总体经济效益超过了单纯的生猪养殖，实现了可持续发展。

表 6-1　　　武汉银河猪场种养结合循环农业系统经济效益指标

项目	猪场	渔场	蔬菜	苗木	蚯蚓	莲藕	合计
销售收入（万元）	6846.00	348.83	1512.61	794.72	73.26	198.00	9773.42
总成本（万元）	6394.25	297.15	761.38	466.62	17.64	161.47	8098.53
净利润（万元）	451.75	51.68	751.23	328.10	55.62	36.53	1674.90
产投比	1.07	1.17	1.99	1.70	4.15	1.23	1.21

注：受篇幅限制，经济效益分析的原始数据及计算过程不详细列出。

第四节　案例猪场污染防治生态效益分析

一　能值分析方法

20 世纪 80 年代，美国著名生态学家 Odum H. T. 综合运用生态经济学、系统生态学、能量生态学等理论，开创性地提出能值理论，把能值（Emergy）定义为流动或贮存的能量中所包含的另一类别能量的数量，并阐述了能值与能量、信息、资源、财富等之间的关系（Odum，1987；Odum，1988）[1]，因各种资源、产品或劳务的能量都直接或间接地来自太阳能，故在能值分析中常以太阳能值（Solar Emergy）为标准衡量某

---

① Odum H. T.，"Living with Complexity"，in：*Crafoord Prize in the Biosciences*，*Crafoord Lectures*，*Royal Swedish Academy of Science*，Stockholm，1987；Odum H. T.，"Self - organization，Transformity and Information"，*Science*，Vol. 242，No. 4882，1988.

一能量的能值大小，单位为 J（Solar Emjoules）（蔡晓明，2000）[1]。能值理论以能值为基准，把自然资源系统和社会经济系统中的物质流、能量流和经济流等不同质的资源价值换算成统一标准的能值，为定量分析生态经济系统的结构、功能、特征及其生态经济效益提供了方法（姚成胜等，2008）[2]，丰富了生态经济学的定量分析研究方法，成为连接生态学和经济学两大学科的重要纽带（Bastianoni et al.，2007）[3]，被广泛用于对自然生态系统（孙凡等，2009；赵妍等，2004）[4]、农业生态系统（白瑜等，2006；王建源等，2007；杨松等，2007；姚成胜等，2008；张微微等，2009；边淑娟等，2010；范小杉等，2010；朱玉林和李明杰，2012）[5]、工业生态系统（袁婕等，2008；何秋香等，2010；张小洪等，2010）[6]、城市生态系统（崔凤暴，2007；康文星等，2010；吴兵兵等，2010）[7] 以及区域生态系统（陈丹等，2002；吕翠美等，

① 蔡晓明：《系统生态学》，科学出版社 2000 年版，第 194—200 页。

② 姚成胜、朱鹤健、刘耀彬：《能值理论研究中存在的几个问题探讨》，《生态环境》2008 年第 5 期。

③ Bastianoni S.，Pulselli F. M.，Castellini C.，Granai C.，Bosco A. D.，and Brunetti M.，"Emergy Evaluation and the Management of Systems towards Sustainability: A Response to Sholto Maud"，*Agriculture, Ecosystems and Environment*，Vol. 120，No. 2，2007.

④ 孙凡、杨松、左首军、刘伯云：《基于能值理论的自然生态系统经济价值研究——以大巴山南坡雪宝山自然生态系统为例》，《西南师范大学学报》（自然科学版）2009 年第 5 期；赵妍、郭新春、伦小文：《腰井子羊草草原自然保护区生物多样性现状及其能值估算》，《井冈山师范学院学报》2004 年第 6 期。

⑤ 白瑜、陆宏芳、何江华、任海：《基于能值方法的广东省农业系统分析》，《生态环境》2006 年第 1 期；范小杉、高吉喜：《中国农业生态经济系统能值利用现状及其演变态势》，《干旱区资源与环境》2010 年第 7 期。

⑥ 袁婕、樊鸿涛、张炳、王仕：《基于能值理论的工业生态系统分析——以龙盛科技工业园为例》，《环境保护科学》2008 年第 2 期；何秋香、王菲凤：《福州青口投资区工业系统能值分析》，《福建师范大学学报》（自然科学版）2010 年第 3 期。

⑦ 崔凤暴：《宜宾市复合生态系统的能值评价及其可持续发展探析》，《特区经济》2007 年第 7 期；吴兵兵、陈燕、李辉、王希强、张建明：《宁夏各市生态经济系统能值对比研究》，《干旱区资源与环境》2010 年第 7 期。

2010；刘志杰等，2011；梁春玲等，2012；侯茂章等，2013）[1] 等分析评价。

　　沼气工程是养殖业和种植业之间实现能流与物流转换的关键环节，以沼气工程为纽带的种养结合循环农业系统，可以实现农业生态系统能量多级循环利用和物质良性循环（张无敌等，1994；张岳，1998；刘勇等，1998；陈笑等，2011）[2]，成为运用能值理论开展研究的重要领域。

　　钟珍梅等（2012）[3] 运用能值理论对福清星源畜牧养殖场以沼气为纽带的种养结合循环农业模式进行评价，结果表明：与单一的生猪养殖模式相比，种养结合的循环农业模式环境负载率降低了15%，可持续发展指数提高了15.71%，经济效益提高了18.96%，生产效益相对略低，但整体效益明显优于单一的生猪养殖模式，福清星源畜牧养殖场循环农业模式实现了"资源减量化、物质再循环和再利用"，生态经济效益明显。陈绍晴等（2012）[4] 运用能值理论分析广西恭城县沼气农业复合系统的能值投入产出量及其结构，结果表明：该县沼气农业复合系统总投入中人类经济反馈在系统中所占比例最大，新兴的沼气产业因其低耗高产的特点，具有良好的发展势头，综合来看，恭城县沼气农业复合系统具有环境负荷低、产出效率高、可持续性强等优势。胡

---

　　① 陈丹、陈菁、关松、陈祥：《基于能值理论的区域水资源复合系统生态经济评价》，《水利学报》2002 年第 12 期；侯茂章、朱玉林：《基于能值理论的湖南环洞庭湖区域农业产出研究》，《中国农学通报》2013 年第 14 期。

　　② 张无敌、宗德彬、宋洪川：《沼气发酵系统在生态农业中的地位和作用》，《生态农业研究》1994 年第 1 期；张岳：《沼气及其发酵物在生态农业中的综合利用》，《农业环境保护》1998 年第 2 期；刘勇、张宁珍、刘善军、张建安、胡俊林：《沼肥在农业生态模式中转化应用研究》，《江西农业大学学报》1999 年第 2 期；陈笑、史剑茹、孟蝶、赵言文：《沼气与沼肥在农业和环境方面的运用与成效》，《中国沼气》2011 年第 1 期。

　　③ 钟珍梅、黄勤楼、翁伯琦、黄秀声、冯德庆：《以沼气为纽带的种养结合循环农业系统能值分析》，《农业工程学报》2012 年第 14 期。

　　④ 陈绍晴、陈彬、宋丹：《沼气农业复合生态系统能值分析》，《中国人口·资源与环境》2012 年第 4 期。

艳霞等（2009）① 以北京市房山区周口店镇南韩继村万头养猪场和沼气站为研究对象，采用能量、能值和经济评价方法分别对养猪亚系统、沼气站亚系统和"养猪—沼气"生态经济系统进行评估，研究表明："养猪—沼气"生态经济系统的总能量产出率和总能量投入经济产出效率都显著高于养猪亚系统与沼气亚系统；"养猪—沼气"生态经济系统的净能值产出率虽然低于养猪亚系统净能值产出率，但沼气亚系统的净能值产出率由负变为正，循环效益显著增大；从经济评价的结果来看，"养猪—沼气"生态经济系统的财务内部收益率为 26.8%，投资回收期为 3 年，财务上具有可持续性，经济效益较为显著。林妮娜等（2011）② 运用能值分析方法对山东省淄博市畜禽养殖场沼气工程和秸秆发酵沼气工程的投入和产出进行对比分析，结果表明：畜禽养殖场沼气工程购入能值比率、能值投资率、自然能值与购入能值比、能值产出率、能值自给率、废弃物处理率、环境负荷率、能值反馈率、可更新率和可持续发展指标都优于秸秆沼气工程。

武汉银河猪场通过沼气治污、种养结合等措施开展猪场环境污染防治，构建起以大型沼气工程为纽带的循环农业系统，本研究以银河猪场"生猪养殖—沼气工程—'三沼'利用"循环农业系统为研究对象，运用能值分析方法评估其生态经济效益，并把其与单纯的生猪养殖作对比，分析该猪场开展污染防治的生态效益。

二　数据来源与计算公式

按照农业生态系统能值投入的来源划分，系统能值投入可分为两大类：自然资源能值和购买能值。自然资源能值又分为可更新自然资源能

① 胡艳霞、李红、王宇、严茂超、任万涛：《北京郊区多目标产出循环型农业效益评估——以房山区南韩继大型养猪—沼气生态经济系统为例》，《中国农学通报》2009 年第 9 期。
② 林妮娜、庞昌乐、陈理、董仁杰：《利用能值方法评价沼气工程性能——山东淄博案例分析》，《可再生能源》2011 年第 3 期。

值（太阳能、风能、雨水能等）和不可更新自然资源能值（土壤表土损失等），购买能值分为不可更新工业辅助能值（饲料、肥料、农药、机械动力等）和可更新有机能能值（人工、种子等）。本书通过实地调查和资料收集的方式获得武汉银河猪场及循环农业园区的 2013 年度成本数据及当地的气象数据，采用能值分析方法进行量化分析。能值计算公式为：$EM = \sum_{i=1}^{n} OD_i \times ET_i$，式中，$EM$ 为能值（太阳能值），单位：sej；OD_i 为第 i 类原始数据；ET_i 为第 i 类原始数据的能值转化率。其中，自然资源能值的原始数据计算公式为（朱玉林等，2012）：（1）太阳辐射能 = 太阳光年平均辐射量 × 土地面积；（2）风能 = 风功率密度 × 土地面积；（3）雨水化学势能 = 年平均降雨量 × 土地面积 × 吉布斯自由能 × 雨水密度，吉布斯自由能取 4.94×10^3 J/kg，雨水密度取 1000 kg/m³；（4）雨水重力势能 = 系统面积 × 平均海拔 × 平均降雨量 × 雨水密度 × 重力加速度，雨水密度取 1000 kg/m³，重力加速度为 9.8 m/s；（5）表土层损失 = 土地面积 × 土壤侵蚀速率 × 土壤有机质含量 × 有机质所含能量，土壤侵蚀速率为 250 g/（m² · a），流失土壤的有机质含量取实测值 6.75%，有机质能量为 2.09×10^4 J/g。购买能值按照

$$EM = \sum_{i=1}^{n} OD_i \times ET_i$$ 公式直接计算。

三　能值分析步骤

参照能值分析的一般流程，结合武汉银河猪场种养结合循环农业系统的实际情况，确定能值分析步骤。

（一）原始数据收集与整理

采用实地调查和查阅文献相结合的方法，收集有关银河猪场循环农业系统的自然环境、地理条件和社会经济相关数据资料，按照原始数据的类别进行分类整理，得到相关物质、能量和资金等数据。

（二）绘制能值系统图

在确定银河猪场循环农业系统的系统边界和系统内各组分之间关系的基础上，列出系统主要能量来源及系统内主要的物质流、经济流和其他生态流等，根据 Odum 提出的"能量系统语言"图例规则，绘制能值系统图。银河猪场循环农业系统投入能值（EmU）包括可更新自然资源（EmR）、不可更新自然资源（EmN）、不可更新工业辅助能（EmF）和可更新有机能（EmT），猪场粪污和蔬菜基地废弃菜叶为系统废弃物能值（EmW，用蓝色箭头表示），对废弃物资源化利用产生的产品为系统反馈能值（EmK，用红色箭头表示），输出能值（EmO）为系统对外输出的产品。银河猪场循环农业系统能值流动图如图 6-2 所示。

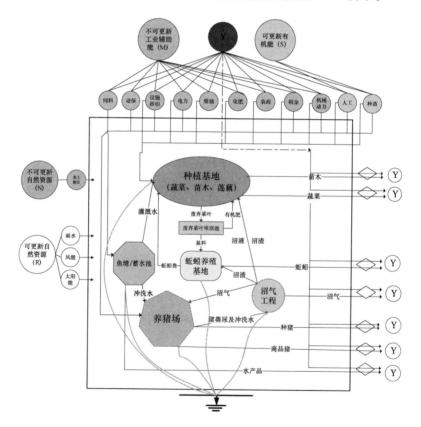

图 6-2　武汉银河猪场循环农业系统能值流动图

（三）编制能值分析表

为便于直观地表达收集到的不同度量单位（J、g 或￥）的原始数据所代表的能量流、物质流和经济流等转换成为统一的太阳能值单位（sej）的计算过程，评估各种类别的原始数据在系统中的地位和贡献，需编制能值分析表。银河循环农业系统包括生猪养殖子系统、设施蔬菜种植子系统、苗木繁育子系统、莲藕种植子系统、水产养殖子系统、蚯蚓养殖子系统和废弃物资源化利用能值反馈子系统。

（四）建立基于能值分析的指标评价体系

本书遵循循环经济理论，从资源减量化、环境承载压力和系统生产效率 3 个方面，选取能值自给率、购买能值比率、系统反馈能值比率、废弃物资源利用率、环境负荷率、系统投入可更新率和净能值产出率 7 项能值分析指标，评价和对比系统 I 和系统 II 的运行状态，能值评价指标计算公式和含义见表 6 - 2。

表 6 - 2　　　　　　　　　　**系统能值评价指标体系**

类别	编号	能值指标	代码	计算公式	指标含义
资源减量化	1	能值自给率	EIR	$(EmR + EmN)/EmU$	评价自然资源对系统的支持能力
	2	购买能值比率	EBR	$(EmF + EmT)/EmU$	评价系统对外界资源的依赖程度
	3	系统反馈能值比率	ESR	EmK/EmU	评价系统的自我支持能力
	4	废弃物资源利用率	EUR	$EmW/(EmF + EmT)$	评价系统对废弃物利用的利用率
环境承载压力	5	环境负荷率	ELR	$(EmF + EmN + EmW)/(EmR + EmT)$	评价环境对系统的承受能力
	6	系统投入可更新率	ENR	$(EmR + EmT)/EmU$	评价系统的可持续性
生产效率	7	净能值产出率	EYR	$(EmO - EmW)/(EmF + EmT)$	评价系统的生产效率

四 系统能值分析结果

（一）生猪养殖子系统

生猪养殖是武汉银河猪场的主导产业，猪场占地约 16.67hm²。生猪养殖子系统的可更新环境资源和不可更新环境资源能值投入参照当地气象等数据计算得出，不可更新工业辅助能、可更新有机能投入和能值产出根据银河公司提供的猪场投入产出台账、相关财务数据整理计算得出。不可更新工业辅助能数据中，玉米、豆粕和麸皮为主要饲料投入；人工乳和浓缩料用于仔猪哺乳阶段；预混料包括小猪料、中猪料、大猪料、后备料、妊娠料和哺乳料；动保投入包括粉剂、针剂、疫苗和消毒药等；固定资产年度折旧包括猪舍、养殖设备等猪场固定资产的年度折旧；电力用于猪场取暖、降温、通风、照明、饲料加工、抽水冲洗猪舍等。柴油主要用于停电时柴油发电机、场内车辆运输等；设施设备维修费指与生猪养殖直接相关的设施设备维修费用；利息指猪场生产经营发生的银行贷款利息；土地流转费指猪场所占一般农用地支付给农民的租赁费，流转价为 9000 元/hm²；其他费用包括以上未列入的相关成本费用，包括销售费用、办公费用等。可更新有机能主要是指人工费用，包括生产和管理人员工资及相关福利支出。生猪养殖子系统产出产品为种猪和商品猪（详见表 6-3）。

表 6-3　　　　　　**银河生猪养殖子系统能值分析表**

编号	项目	单位	原始数据	太阳能值转化率	太阳能值（sej）
1	可更新环境资源				4.50E+16
1.1	太阳能	J	7.33E+14	1.00E+00	7.33E+14
1.2	风能	J	1.20E+13	1.50E+03	1.80E+16
1.3	雨水化学能	J	1.07E+12	1.82E+04	1.95E+16

编号	项目	单位	原始数据	太阳能值转化率	太阳能值（sej）
1.4	雨水势能	J	6.48E+10	1.05E+05	6.80E+15
2	不可更新环境资源				3.73E+15
2.1	表土层损失	J	5.88E+10	6.35E+04	3.73E+15
3	不可更新工业辅助能				2.36E+19
3.1	玉米	吨	7.84E+09	8.52E+04	6.68E+14
3.2	豆粕	吨	2.28E+09	6.90E+04	1.57E+14
3.3	麸皮	吨	1.17E+09	6.80E+04	7.96E+13
3.4	人工乳	元	2.38E+06	8.32E+11	1.98E+18
3.5	浓缩料	元	6.73E+06	8.32E+11	5.60E+18
3.6	预混料	元	4.54E+06	8.32E+11	3.78E+18
3.7	动保产品	元	6.50E+06	8.32E+11	5.40E+18
3.8	固定资产年度折旧	元	1.76E+06	8.32E+11	1.47E+18
3.9	电力	J	5.58E+12	1.59E+05	8.88E+17
3.10	柴油	J	3.89E+08	6.64E+04	2.59E+13
3.11	设施设备维修费	元	1.03E+06	8.32E+11	8.53E+17
3.12	利息	元	2.17E+06	8.32E+11	1.81E+18
3.13	土地流转费	元	1.50E+05	8.32E+11	1.25E+17
3.14	其他费用	元	2.06E+06	8.32E+11	1.71E+18
4	可更新有机能	J			3.55E+18
4.1	人工费用	元	4.27E+06	8.32E+11	3.55E+18
5	投入能值合计				2.72E+19
6	产出能值合计				5.70E+19

续表

编号	项目	单位	原始数据	太阳能值转化率	太阳能值（sej）
6.1	种猪	元	2.05E+07	8.32E+11	1.71E+19
6.2	商品猪	元	4.79E+07	8.32E+11	3.99E+19

注：（1）武汉银河猪场位于东经114°09′，北纬30°09′，年平均气温约16.7℃，海拔约30.5m，年平均降水量约为1300mm，年太阳辐射约为4400MJ/m²（刘可群等，2007）①，年均风功率密度约为20W/m²（杨宏青等，2006）②；（2）风能、雨水势能、雨水化学能、玉米、豆粕、麸皮和电力的太阳能值转换率参照文献（范小杉、高吉喜，2009）③；（3）人民币的太阳能值转换率参照文献（Lu et al.，2010）④；（4）农用柴油的太阳能值转换率参照文献（朱玉林等，2012）。

（二）设施蔬菜种植子系统

银河设施蔬菜基地占地约106.67hm²。设施蔬菜种植子系统可更新环境资源和不可更新环境资源能值投入参照当地气象等数据计算得出，不可更新工业辅助能、可更新有机能投入和能值产出根据银河公司提供的设施蔬菜生产经营投入产出台账、相关财务数据整理计算得出。不可更新工业辅助能数据中，机耕包括农机耕作、播种；化肥主要包括钾肥等微量元素肥，用于弥补沼液沼渣中相关蔬菜生产所需营养元素的不足；农药包括低残留除草剂和生物农药类的杀虫剂；地膜用于大棚内青椒、黄瓜、茄子等蔬菜幼苗期保温防草，不包括大棚外膜；吊线用于大棚内黄瓜挂果；电力用于设施蔬菜基地灌溉、照明及其他生产生活所

---

① 刘可群、陈正洪、夏智宏：《湖北省太阳能资源时空分布特征及区划研究》，《华中农业大学学报》2007年第6期。

② 杨宏青、刘敏、冯光柳、周月华、万君：《湖北省风能资源评估》，《华中农业大学学报》2006年第6期。

③ 范小杉、高吉喜：《中国生态经济系统资源利用状况及演变趋势》，《中国人口·资源与环境》2009年第5期。

④ Lu H. F., Li L. J., Daniel E., Campbell, and Ren H., "Energy Algebra: Improving Matrix Methods for Calculating Transformities", *Ecological Modelling*, Vol. 221, No. 3, 2010.

需；土地流转费指设施蔬菜占地支付给农民的租赁费，流转价格为
9000 元/hm²；农业设施年度折旧主要指蔬菜大棚折旧，折旧按 15 年分
摊，残值率取 5%；农业机械设备折旧指购置的用于蔬菜生产经营的旋
耕机、播种机、分拣加工、仓储等机械设备，折旧按 15 年分摊，残值
率取 5%；蔬菜运输费用按每千克蔬菜 0.2 元运费计算；农业基础设施
投资年净分摊是指设施蔬菜占地的农业基础设施改造总投入减去财政支
农资金投入后按 20 年经营期分摊。可更新有机能投入包括人工和蔬菜
种苗，人工费用包括生产和管理人员工资及相关福利支出，蔬菜种苗费
用包括外购的蔬菜种苗费用。设施蔬菜子系统产出产品为青椒、茄子、
西红柿、西兰花、红菜薹、莴苣、花椰菜、苤蓝等蔬菜（详见表 6-4）。

表 6-4　　　　　　　银河设施蔬菜种植子系统能值分析表

编号	项目	单位	原始数据	太阳能值转化率	太阳能值（sej）
1	可更新环境资源				2.88E+17
1.1	太阳能	J	4.69E+15	1.00E+00	4.69E+15
1.2	风能	J	7.68E+13	1.50E+03	1.15E+17
1.3	雨水化学能	J	6.85E+12	1.82E+04	1.25E+17
1.4	雨水势能	J	4.14E+11	1.05E+05	4.35E+16
2	不可更新环境资源				2.39E+16
2.1	表土层损失	J	3.76E+11	6.35E+04	2.39E+16
3	不可更新工业辅助能				4.34E+18
3.1	机耕	元	3.03E+05	8.32E+11	2.52E+17
3.2	化肥	元	2.68E+05	8.32E+11	2.23E+17
3.3	农药	元	2.46E+05	8.32E+11	2.04E+17
3.4	地膜	元	1.32E+05	8.32E+11	1.10E+17
3.5	吊线	元	2.51E+04	8.32E+11	2.09E+16
3.6	电力	J	5.24E+11	1.59E+05	8.33E+16

编号	项目	单位	原始数据	太阳能值转化率	太阳能值（sej）
3.7	土地流转费	元	9.60E + 05	8.32E + 11	7.99E + 17
3.8	农业设施年度折旧	元	1.39E + 06	8.32E + 11	1.16E + 18
3.9	农业机械年度折旧	元	9.53E + 04	8.32E + 11	7.93E + 16
3.10	蔬菜运输	元	1.52E + 06	8.32E + 11	1.27E + 18
3.11	农业基础设施投资年净分摊	元	1.76E + 05	8.32E + 11	1.47E + 17
4	可更新有机能				1.55E + 18
4.1	人工费用	元	1.32E + 06	8.32E + 11	1.10E + 18
4.2	种苗	元	5.45E + 05	8.32E + 11	4.54E + 17
5	投入能值合计				6.20E + 18
6	产出能值合计				1.26E + 19
6.1	蔬菜	元	1.51E + 07	8.32E + 11	1.26E + 19

注：关于系统能值各要素的含义同表 6-3。

（三）苗木繁育子系统

银河苗木繁育基地占地约 66.67hm²。苗木繁育子系统可更新环境资源和不可更新环境资源能值投入参照当地气象等数据计算得出，不可更新工业辅助能、可更新有机能投入和能值产出根据银河公司提供的苗木基地生产经营投入产出台账、相关财务数据整理计算得出。不可更新工业辅助能数据中，机耕包括农机耕作；化肥主要包括钾肥等微量元素肥，用于弥补沼液沼渣中相关蔬菜生产所需营养元素的不足；农药包括除草剂和杀虫剂；地膜用于扦插幼苗保温防草；电力用于苗木繁育基地灌溉、照明及其他生产生活所需；土地流转费指苗木占地支付给农民的租赁费，流转价格为 9000 元/hm²；固定资产年度折旧是指购置的用于苗木生产经营的农机设备、办公设备等，折旧按 15 年分摊，残值率取

5%；苗木运输费用指苗木托运至购买客户所发生的费用；农业基础设施投资年净分摊是指苗木基地占地的农业基础设施改造总投入减去财政支农资金投入后按 20 年经营期分摊。可更新有机能投入包括人工和种苗，人工费用包括生产和管理人员工资及相关福利支出，种苗费用包括外购的苗木种苗费用。设施蔬菜子系统产出产品为蔬菜。苗木繁育子系统产出产品为速生竹柳等苗木（详见表 6 - 5）。

表 6 - 5 银河苗木繁育子系统能值分析表

编号	项目	单位	原始数据	太阳能值转化率	太阳能值（sej）
1	可更新环境资源				1.80E + 17
1.1	太阳能	J	2.93E + 15	1.00E + 00	2.93E + 15
1.2	风能	J	4.80E + 13	1.50E + 03	7.20E + 16
1.3	雨水化学能	J	4.28E + 12	1.82E + 04	7.79E + 16
1.4	雨水势能	J	2.59E + 11	1.05E + 05	2.72E + 16
2	不可更新环境资源				1.49E + 16
2.1	表土层损失	J	2.35E + 11	6.35E + 04	1.49E + 16
3	不可更新工业辅助能				1.83E + 18
3.1	机耕	元	1.02E + 05	8.32E + 11	8.49E + 16
3.2	化肥	元	3.21E + 05	8.32E + 11	2.67E + 17
3.3	农药	元	1.29E + 05	8.32E + 11	1.07E + 17
3.4	地膜	元	1.57E + 05	8.32E + 11	1.31E + 17
3.5	电力	J	1.87E + 12	1.59E + 05	2.97E + 17
3.6	土地流转费	元	6.00E + 05	8.32E + 11	4.99E + 17
3.7	固定资产年度折旧	元	3.17E + 04	8.32E + 11	2.63E + 16
3.8	苗木运输	元	3.97E + 05	8.32E + 11	3.31E + 17
3.9	农业基础设施投资年净分摊	元	1.10E + 05	8.32E + 11	9.16E + 16

续表

编号	项目	单位	原始数据	太阳能值转化率	太阳能值（sej）
4	可更新有机能				2.18E+18
4.1	人工费用	元	8.21E+05	8.32E+11	6.83E+17
4.2	种苗	元	1.80E+06	8.32E+11	1.50E+18
5	投入能值合计				4.21E+18
6	输出能值合计				6.61E+18
6.1	苗木	元	7.95E+06	8.32E+11	6.61E+18

注：关于系统能值各要素的含义同表6-3。

（四）莲藕种植子系统

银河莲藕种植基地占地约30hm²。莲藕种植子系统可更新环境资源和不可更新环境资源能值投入参照当地气象等数据计算得出，不可更新工业辅助能、可更新有机能投入和能值产出根据银河公司提供的莲藕种植基地生产经营投入产出台账、相关财务数据整理计算得出。不可更新工业辅助能数据中，机耕包括农机耕作、播种；化肥主要包括钾肥等微量元素肥，用于弥补沼液沼渣中相关莲藕生长所需营养元素的不足；农药主要为生物农药类的杀虫剂；电力用于莲藕种植基地灌溉、照明及其他生产生活所需；土地流转费为莲藕种植基地占地支付给农民的租赁费，流转价格为9000元/hm²；农业机械设备折旧指购置的用于莲藕生产经营的旋耕机、分拣加工、仓储等机械设备，折旧按15年分摊，残值率取5%；莲藕运输费用按每千克莲藕0.1元运费计算；农业基础设施投资年净分摊是指莲藕基地占地的农业基础设施改造总投入减去财政支农资金投入后按20年经营期分摊。可更新有机能投入包括人工和蔬菜种苗，人工费用包括生产和管理人员工资及相关福利支出，种苗费用包括外购的莲藕种苗费用。莲藕种植子系统产出产品为莲藕（详见表6-6）。

表6-6　　　　　　　　　银河莲藕种植子系统能值分析表

编号	项目	单位	原始数据	太阳能值转化率	太阳能值（sej）
1	可更新环境资源				8.10E+16
1.1	太阳能	J	1.32E+15	1.00E+00	1.32E+15
1.2	风能	J	2.16E+13	1.50E+03	3.24E+16
1.3	雨水化学能	J	1.93E+12	1.82E+04	3.51E+16
1.4	雨水势能	J	1.17E+11	1.05E+05	1.22E+16
2	不可更新环境资源				6.72E+15
2.1	表土层损失	J	1.06E+11	6.35E+04	6.72E+15
3	不可更新工业辅助能				6.18E+17
3.1	机耕	元	6.75E+04	8.32E+11	5.62E+16
3.2	化肥	元	5.40E+04	8.32E+11	4.49E+16
3.3	农药	元	2.70E+04	8.32E+11	2.25E+16
3.4	电力	J	8.53E+11	1.59E+05	1.36E+17
3.5	土地流转费	元	2.70E+05	8.32E+11	2.25E+17
3.6	农业机械设施年度折旧	元	1.27E+04	8.32E+11	1.05E+16
3.7	莲藕运输	元	9.90E+04	8.32E+11	8.24E+16
3.8	农业基础设备投资年净分摊	元	4.96E+04	8.32E+11	4.12E+16
4	可更新有机能				7.86E+17
4.1	人工费用	元	6.75E+05	8.32E+11	5.62E+17
4.2	种苗	元	2.70E+05	8.32E+11	2.25E+17
5	投入能值合计				1.49E+18
6	输出能值合计				1.65E+18
6.1	莲藕	元	1.98E+06	8.32E+11	1.65E+18

注：关于系统能值各要素的含义同表6-3。

（五）水产养殖子系统

银河水产养殖鱼塘约 33.33hm²。水产养殖子系统可更新环境资源和不可更新环境资源能值投入参照当地气象等数据计算得出，不可更新工业辅助能、可更新有机能投入和能值产出根据银河公司提供的水产养殖投入产出台账、相关财务数据整理计算得出。不可更新工业辅助能数据中，饲料为外购的鱼类专用饲料；渔药包括预防、控制和治疗鱼类的病害，促进鱼类健康生长、增强机体抗病能力和改善养殖水体质量的药物等；机械设备年度折旧包括水产养殖及相关机械设备年度折旧，折旧按 15 年分摊，残值率取 5%；电力用于增氧机、投料设备、抽排水机械等运作；塘租价格为 9000 元/hm²；农业基础设施投资年净分摊是指水产养殖水面占地的农业基础设施改造总投入减去财政支农资金投入后按 20 年经营期分摊；其他费用包括运费、设备维修等费用。可更新有机能投入包括人工和鱼苗，人工费用包括生产和管理人员工资及相关福利支出，鱼苗费用为外购鱼苗费用。水产养殖子系统的产出产品为青鱼、草鱼、鲫鱼、花鲢、白鲢、鲴鱼等（详见表 6-7）。

表6-7　　　　　　　　银河水产养殖子系统能值分析表

编号	项目	单位	原始数据	太阳能值转化率	太阳能值（sej）
1	可更新环境资源				9.00E+16
1.1	太阳能	J	1.47E+15	1.00E+00	1.47E+15
1.2	风能	J	2.40E+13	1.50E+03	3.60E+16
1.3	雨水化学能	J	2.14E+12	1.82E+04	3.90E+16
1.4	雨水势能	J	1.30E+11	1.05E+05	1.36E+16
2	不可更新环境资源				3.73E+15
2.1	表土层损失	J	5.88E+10	6.35E+04	3.73E+15
3	不可更新工业辅助能				2.11E+18

编号	项目	单位	原始数据	太阳能值 转化率	太阳能值 (sej)
3.1	饲料	元	1.93E+06	8.32E+11	1.60E+18
3.2	渔药	元	9.87E+04	8.32E+11	8.21E+16
3.3	电力	J	3.62E+11	1.59E+05	5.75E+16
3.4	塘租	元	3.00E+05	8.32E+11	2.50E+17
3.5	机械设备年度折旧	元	3.29E+04	8.32E+11	2.74E+16
3.6	其他费用	元	5.55E+04	8.32E+11	4.62E+16
3.7	农业基础设施 投资年净分摊	元	5.51E+04	8.32E+11	4.58E+16
4	可更新有机能				3.73E+17
4.1	人工费用	元	1.58E+05	8.32E+11	1.32E+17
4.2	鱼苗	元	2.90E+05	8.32E+11	2.42E+17
5	投入能值合计				2.58E+18
6	输出能值合计				2.90E+18
6.1	鱼	元	3.49E+06	8.32E+11	2.90E+18

注：关于系统能值各要素的含义同表6-3。

（六）蚯蚓养殖子系统

银河蚯蚓养殖基地占地 2.67hm², 蚯蚓养殖的饲料以沼渣和农作物秸秆为主。蚯蚓养殖子系统可更新环境资源和不可更新环境资源的能值投入参照当地气象等数据计算得出，不可更新工业辅助能、可更新有机能投入和能值产出根据银河公司提供的蚯蚓养殖投入产出台账、相关财务数据整理计算得出。不可更新工业辅助能数据中，地膜是养殖蚯蚓的载体，用于放置沼渣和农作物秸秆，并起到隔离蚯蚓与地面的作用，防止蚯蚓钻入地下；机械设备年度折旧包括用于蚯蚓养殖及相关生产经营的机械设备年度折旧，折旧按 15 年分摊，残值率取 5%；电力用于照明及养殖人员生活用电等；土地流转费价格为 9000 元/hm²；运输费用为原料及产品的运输产生的费用；可更新有机能投入包括人工和种苗，人工费用包括生产和管理人员工资及相关福利支出，种苗费用为外购蚯蚓种苗费用。蚯蚓养殖子系统的产出产品为红蚯蚓（详见表 6 - 8）。

表 6 - 8 　　　　　　　　银河蚯蚓养殖子系统能值分析表

编号	项目	单位	原始数据	太阳能值转化率	太阳能值（sej）
1	可更新环境资源				7.20E + 15
1.1	太阳能	J	1.17E + 14	1.00E + 00	1.17E + 14
1.2	风能	J	1.92E + 12	1.50E + 03	2.88E + 15
1.3	雨水化学能	J	1.71E + 11	1.82E + 04	3.12E + 15
1.4	雨水势能	J	1.04E + 10	1.05E + 05	1.09E + 15
2	不可更新环境资源				5.97E + 14
2.1	表土层损失	J	9.41E + 09	6.35E + 04	5.97E + 14
3	不可更新工业辅助能				4.52E + 16
3.1	地膜	元	4.92E + 03	8.32E + 11	4.09E + 15
3.2	土地流转费	元	2.40E + 04	8.32E + 11	2.00E + 16
3.3	运输费用	元	1.47E + 04	8.32E + 11	1.22E + 16
3.4	电费	J	2.34E + 10	1.59E + 05	3.73E + 15
3.5	机械设备年度折旧	元	6.33E + 03	8.32E + 11	5.27E + 15
4	可更新有机能				1.02E + 17
4.1	人工费用	元	3.49E + 04	8.32E + 11	2.91E + 16
4.2	种苗	元	8.80E + 04	8.32E + 11	7.32E + 16
5	投入能值合计				1.55E + 17
6	输出能值合计				6.10E + 17
6.1	蚯蚓	元	7.33E + 05	8.32E + 11	6.10E + 17

注：关于系统能值各要素的含义同表 6 - 3。

（七）系统反馈能值

通过开展猪场粪污环境污染治理，银河生猪养殖子系统产生的粪污进入沼气池厌氧发酵，沼液沼渣用作农田肥料及蚯蚓养殖，沼气用于猪场保温加热等生产生活所需，富余沼气供应新农村农户。种植基地废弃菜叶经过堆肥后还田利用。由此，银河循环农业系统内产生的废弃物主要为猪粪尿、猪粪尿冲洗水和废弃菜叶，经过沼气厌氧发酵、堆肥产生的沼液、沼渣、沼气（不包括供应系统外农户）和菜叶堆制的有机肥在系统内再次利用，为系统内的反馈能值（见表6-9）。

表6-9　　　　**银河猪场循环农业系统反馈能值分析表**

编号	项目	单位	原始数据	太阳能值转化率	太阳能值（sej）
1	猪粪	J	4.88E+10	2.70E+04	1.32E+15
2	猪尿及冲洗水	J	5.87E+11	3.80E+06	2.23E+18
3	废弃菜叶	kg	1.90E+09	2.70E+04	5.13E+13
4	沼液	J	9.13E+10	9.64E+06	8.80E+17
5	沼渣（干）	kg	4.02E+09	2.09E+08	8.38E+17
6	沼气（系统内利用）	J	3.34E+09	2.48E+05	8.29E+14
7	有机肥（废弃菜叶堆沤）	kg	1.14E+09	4.36E+08	4.97E+17
8	废弃物能值合计（猪场）	J			2.23E+18
9	废弃物能值合计（蔬菜）	J			5.13E+13
10	废弃物能值合计（猪场+蔬菜）	J			2.23E+18

编号	项目	单位	原始数据	太阳能值转化率	太阳能值（sej）
11	系统反馈能值合计	J			2.22E＋18

注：（1）猪粪尿及冲洗水的能量计算及太阳能值转换率参照文献（林聪等，2008）[1]；（2）沼液、沼渣和有机肥的太阳能值转换率参照文献（钟珍梅等，2012）[2]；（3）废弃菜叶的太阳能值转换率参照文献（付伟等，2011）[3]。

（八）系统能值计算结果汇总

综合武汉银河猪场循环农业系统生猪养殖、设施蔬菜种植、苗木繁育、莲藕种植、水产养殖、蚯蚓养殖六大子系统和系统能值反馈子系统的能值分析，汇总可得银河猪场循环农业系统能值分析表（见表6-10）。

表6-10　　　　**银河猪场循环农业系统能值分析汇总表**　　　　单位：sej

编号	项目	猪场	渔场	蔬菜
1	环境资源能值总投入	4.87E＋16	9.38E＋16	3.12E＋17
1.1	可更新环境资源	4.50E＋16	9.00E＋16	2.88E＋17
1.2	不可更新环境资源	3.73E＋15	3.73E＋15	2.39E＋16
2	购入能值总投入	2.72E＋19	2.48E＋18	5.89E＋18
2.1	不可更新工业辅助能	2.36E＋19	2.11E＋18	4.34E＋18
2.2	可更新有机能	3.55E＋18	3.73E＋17	1.55E＋18
3	总投入能值	2.72E＋19	2.58E＋18	6.20E＋18
4	总输出能值	5.70E＋19	2.90E＋18	1.26E＋19

---

① 林聪、魏晓明、姜文藤：《沼气工程生态模式能值分析》，载《2008中国农村生物质能源国际研讨会暨东盟与中日韩生物质能源论坛论文集》。

② 钟珍梅、黄勤楼、翁伯琦、黄秀声、冯德庆：《以沼气为纽带的种养结合循环农业系统能值分析》，《农业工程学报》2012年第14期。

③ 付伟、蒋芳玲、刘洪文、吴震：《沛县蔬菜生态系统能值分析》，《中国生态农业学报》2011年第4期。

续表

编号	项目	猪场	渔场	蔬菜
5	产出废弃物能值	2.23E+18		5.13E+13
6	系统投入反馈能值			

编号	项目	苗木	莲藕	蚯蚓	能值汇总
1	环境资源能值总投入	1.95E+17	8.77E+16	7.80E+15	7.45E+17
1.1	可更新环境资源	1.80E+17	8.10E+16	7.20E+15	6.91E+17
1.2	不可更新环境资源	1.49E+16	6.72E+15	5.97E+14	5.36E+16
2	购入能值总投入	4.02E+18	1.40E+18	1.48E+17	4.11E+19
2.1	不可更新工业辅助能	1.83E+18	6.18E+17	4.52E+16	3.26E+19
2.2	可更新有机能	2.18E+18	7.86E+17	1.02E+17	8.55E+18
3	总投入能值	4.21E+18	1.49E+18	1.55E+17	4.19E+19
4	总输出能值	6.61E+18	1.65E+18	6.10E+17	8.13E+19
5	产出废弃物能值				2.23E+18
6	系统投入反馈能值				2.22E+18

五　系统能值指标对比及评价

综上所述，单纯的生猪养殖系统（系统Ⅰ，即银河生猪养殖子系统）和银河种养结合循环农业系统（系统Ⅱ）的能值计算结果和能值评价指标见表6－11。

表6－11　　　　**系统Ⅰ和系统Ⅱ能值指标对比**　　　　单位：sej

编号	能值指标	代码	系统Ⅰ	系统Ⅱ
1	能值投入产出指标			
1.1	可更新环境资源	EmR	4.50E+16	6.91E+17
1.2	不可更新环境资源	EmN	3.73E+15	5.36E+16
1.3	可更新有机能	EmT	3.55E+18	8.55E+18

续表

编号	能值指标	代码	系统Ⅰ	系统Ⅱ
1.4	不可更新工业辅助能	EmF	2.36E+19	3.26E+19
1.5	系统投入反馈能值	EmK	0.00	2.22E+18
1.6	总投入能值	EmU	2.72E+19	4.19E+19
1.7	总输出能值	EmO	5.70E+19	8.13E+19
2	能值评价指标			
2.1	能值自给率	EIR	0.18%	1.78%
2.2	购买能值比率	EBR	99.82%	98.22%
2.3	系统反馈能值比率	ESR	0.00%	5.30%
2.4	废弃物资源利用率	EUR	0.00%	5.39%
2.5	环境负荷率	ELR	7.18	3.77
2.6	系统投入可更新率	ENR	13.23%	22.08%
2.7	净能值产出率	EYR	2.01	1.92

（一）系统资源减量化评价

评价系统资源减量化的能值指标为能值自给率、购买能值比率、系统反馈能值比率和废弃物资源化利用率。与系统Ⅰ相比，系统Ⅱ的能值自给率1.78%高于系统Ⅰ的能值自给率0.18% 1.6个百分点，系统Ⅱ的购买能值比率由98.22%低于系统Ⅰ的购买能值比率99.82% 1.6个百分点，这与采取种养结合方式，发展种植业直接相关，种植业对自然资源依赖程度高于集约化生猪养殖，由于系统Ⅰ和系统Ⅱ均是高投入、高产出的集约化农业生产方式，相对于系统Ⅰ，系统Ⅱ的改善程度有限。系统反馈能值比率由0提高到5.30%，系统废弃物资源化利用率由0提高到5.39%，表明系统Ⅱ利用沼气工程处理猪粪尿及冲洗水，结合蔬菜基地废弃菜叶的堆肥处理，把废弃物转化为有机肥还田利用及部分沼气作为燃料用于系统内部生产生活，减少了对外界资源的消耗，降低了对外界的依赖程度，实现了资源减量化。

（二）系统环境承载压力评价

评价系统环境承载压力状况的能值指标为环境负荷率和系统投入可更新率。与系统 I 相比，系统 II 的环境负荷率为 3.77，低于系统 I 的环境负荷率 7.18，下降了 47.49%，环境负荷在 3 到 10 之间意味着生产过程对环境中等程度的压力（Brown & Ulgiati，2004）[1]。系统 II 的系统投入可更新率为 22.08%，高于系统 I 的 13.23%，提高了 8.85%。表明系统 II 通过开展废弃物的资源化利用，搭建种养结合循环农业链条，显著地降低了系统对环境的承载压力，有效地提高了系统的可持续发展能力。

（三）系统生产效率评价

评价系统生产效率的能值指标为净能值产出率。与系统 I 相比，系统 II 的净能值产出率为 1.92，低于系统 I 的净能值产出率 2.01。表明系统 II 延伸循环产业链后，生产效率略有降低。

（四）系统对比及评价小结

系统 I 和系统 II 的能值对比分析表明，系统 II 通过实施废弃物的资源化利用，在资源减量化环境承载压力方面优于系统 I，但系统生产效率略有降低，这与现实生产中养殖业的生产效率高于种植业有关（钟珍梅等，2012）[2]。系统 II 能值自给率和购买能值比率虽相对于系统 I 改善程度有限，且环境负荷压力仍处在中等程度（Brown & Ulgiati，2004）[1]，这与该生态养殖系统仍是集约化农业生产方式、对外界生产资料投入依赖程度较高且集约化生猪养殖仍占主导有密切关系。

---

[1]　Brown M. T. , and Ulgiati S. , "Energy Quality, Energy, and Transformity: H. T. Odum's Contributions to Quantifying and Understanding Systems", *Ecological Modeling*, Vol. 178, No. 1 – 2, 2004.

[2]　钟珍梅、黄勤楼、翁伯琦、黄秀声、冯德庆：《以沼气为纽带的种养结合循环农业系统能值分析》，《农业工程学报》2012 年第 14 期。

第五节　本章小结

　　本章以武汉银河猪场为案例，科学总结该猪场开展环境污染防治的措施，根据猪场污染物环境监测数据，分析该猪场污染物处理效果；采用猪场投入产出数据及财务报表，分析该猪场开展环境污染防治的经济效益；运用能值分析模型，从资源减量化、环境承载压力和系统生产效率3个方面，评估猪场开展环境污染防治的生态效益。分析表明：武汉银河猪场通过建设大型沼气治污工程、实施土地流转与整理开发、严格规范生猪饲养管理、开展粪污资源化利用和农牧一体化经营，较好地解决了猪场环境污染问题，并以大型沼气工程为纽带，通过对废弃物的资源化利用，构建起良性循环的农牧渔复合生态养殖系统。与单一的生猪养殖相比，该生态养殖系统实现了对生猪粪便、蔬菜源化利用，减少了对外界资源的依赖程度，降低了对环境的承载压力，提高了系统的可持续发展能力，并实现了良好的经济效益，为我国畜牧业环境污染防治策略的制定提供了有益启示。

第七章

中国畜牧业环境污染防治策略

前文阐述了我国畜牧业发展面临的环境污染现状及其与经济增长之间的关系，考察了畜禽养殖场污染防治意愿的影响因素，并选择典型案例剖析养殖场污染防治的效益状况，较为全面地把握了我国畜牧业环境污染状况、特征和畜禽养殖场环境污染防治意愿影响因素及个案运营情况，为我国畜牧业环境污染防治策略的提出奠定了良好基础。2001 年以后，我国中央和地方陆续出台了一系列污染防治政策法规，欧美等发达国家在畜牧业污染防治领域积累了丰富的经验，本章在梳理和评述我国中央和地方政府现行的污染防治政策的基础上，充分借鉴欧美等发达国家的防治经验，提出适于我国国情的畜牧业环境污染防治策略。

第一节　我国现行的畜牧业环境污染防治政策

一　中央层面的畜牧业环境污染防治政策

畜牧业环境污染问题引起了我国中央政府的高度重视。2014 年 1 月 1 日，国务院颁布实施了《畜禽规模养殖污染防治条例》（国务院令第 643 号），该条例遵循"源头控制、分类管理、综合利用、激励引导"的原则，对畜禽规模养殖污染预防、综合利用与治理、激励扶持、法律责任等做了全面规定，目的在于为畜牧业环境污染防治提供法制保障，着力解决畜牧业发展与环境保护不够协调、养殖者的污染防治义务不够明确、养殖废弃物综合利用的规范和要求不够具体、污染防治和综合利用的激励机制不够完善等突出问题，提高畜牧业可持续发展能力，提升产业发展水平和综合效益，推动畜牧业转型升级。2012年11月14日，环境保护部、农业部联合印发《全国畜禽养殖污染防治"十二五"规划》，分析了我国畜禽养殖污染防治现状、问题和面临的形势，提出了"十二五"时期畜禽养殖污染防治工作目标、主要任务和保障措施，为各地开展畜禽养殖污染防治工作提供了科学指导。纵观我国中央层面出台的畜牧业环境污染防治政策，主要可分为命令控制型政策和经济激励型政策两类。

（一）命令控制型政策

2001年以前，我国缺乏专门性的畜牧业环境污染防治法律法规，仅靠《环境保护法》《水污染防治法》和《畜牧法》等法律法规，无法有效地防治畜牧业发展造成的环境污染。2001年以后，面对严峻的畜牧业环境污染形势，环境保护部相继出台了有针对性的政策法规及标准（见表7－1），其中：《畜禽养殖业污染物排放标准》首次明确规定了畜禽养殖业污染物排放标准（见表7－2至表7－4），并提出了"无害化处理、综合利用"的总原则，规定："畜禽养殖业应积极通过废水和粪便的还田或其他措施对所排放的污染物进行综合利用，实现污染物的资源化"；《畜禽养殖污染防治管理办法》（国家环境保护总局令第9号）规定："畜禽养殖污染防治实行综合利用优先，资源化、无害化和减量化的原则"；《畜禽养殖业污染防治技术规范》（HJ/T 81—2001）规定："沼液尽可能进行还田利用，不能还田利用并需外排的要进行进一步净化处理，达到排放标准"；《畜禽养殖业污染防治技术政策》（环发〔2010〕151号）从技术政策层面鼓励畜禽污染防治的专业化，鼓励因地制宜开展畜禽污染防治，并优先考虑畜禽粪便的综合利用。

表7-1 中央层面颁布的畜牧业环境污染防治政策法规

编号	政策法规名称	发布单位	发布时间	实施时间
1	《畜禽养殖业污染物排放标准》（GB 18596—2001）	环境保护总局、国家质量监督检验检疫总局	2001-12-28	2003-01-01
2	《畜禽养殖业污染防治技术规范》（HJ/T 81—2001）	环境保护总局	2001-12-19	2002-04-01
3	《畜禽养殖污染防治管理办法》（国家环境保护总局令第9号）	环境保护总局	2001-05-08	2001-05-08
4	《畜禽场环境质量及卫生控制规范》（NY/T 1167—2006）	农业部	2006-07-10	2006-10-01
5	《畜禽粪便无害化处理技术规范》（NY/T 1168—2006）	农业部	2006-07-10	2006-10-01
6	《畜禽养殖业污染治理工程技术规范》（HJ 497—2009）	环境保护部	2009-09-30	2009-12-01
7	《畜禽养殖业污染防治技术政策》（环发〔2010〕151号）	环境保护部	2010-12-30	2010-12-30
8	《畜禽养殖场（小区）环境监察工作指南》（试行）（环办〔2010〕84号）	环境保护部	2010-06-03	2010-06-03

续表

编号	政策法规名称	发布单位	发布时间	实施时间
9	《规模畜禽养殖污染防治最佳可行技术指南》（试行）(HJ－BAT－10)	环境保护部	2013－07－17	2013－07－17
10	《畜禽规模养殖污染防治条例》（国务院令第643号）	国务院	2013－11－11	2014－01－01

注：来源于已发布的正式文件。

表7-2　　　　集约化畜禽养殖业污染物日均排放浓度上限

控制项目	BOD₅（mg/L）	COD（mg/L）	悬浮量（mg/L）	氨氮（mg/L）	总磷（以P计）（mg/L）	粪大肠菌群数（mg/L）	蛔虫卵（个/L）
标准值	150	400	200	80	8	1000	2

注：数据来源于《畜禽养殖业污染物排放标准》（GB 18596—2001）。

表7-3　　　　畜禽养殖业废渣无害化环境标准

控制项目	指标
蛔虫卵	死亡率≥95%
粪大肠菌群数	≤103 个/kg

注：数据来源于《畜禽养殖业污染物排放标准》（GB 18596—2001）。

表7-4　　　　集约化畜禽养殖业恶臭污染物排放标准

控制项目	标准值
臭气浓度（无量纲）	70

注：数据来源于《畜禽养殖业污染物排放标准》（GB 18596—2001）。

（二）经济激励型政策

面对严峻的畜牧业环境污染形势，我国政府陆续出台了一系列以沼气治污为主的经济激励政策（见表7-5），鼓励畜禽养殖场配套建设沼气工程，促进了农村沼气工程建设快速增长。截至 2009 年底，我国建成沼气工程年累计 56856 处（李景明、薛梅，2010；Huang，2009）[①]，对我国畜牧业环境污染防治起到了显著的推动作用。

表 7 - 5　　　　　　　中央层面颁布的沼气治污经济激励政策

编号	政策/法规名称	发布单位	发布时间	政策要点
1	《农村沼气建设国债项目管理办法》（试行）	农业部	1993 年	农村沼气建设项目被纳入中央政府专项国债扶持领域
2	《大中型畜禽养殖场能源环境工程建设规划》（2001—2005 年）	农业部	2000 年	国家每年投入 6000 万元用于畜禽养殖场沼气工程建设，重点建设 300 个示范工程，基本解决重点区域畜禽养殖场对周围环境的污染问题
3	《农村小型公益设施建设补助资金管理试点办法》（财办农〔2001〕74 号）	财政部	2001 年	对存栏 500 头以上的养猪场建 1 处向 100 户居民供气的小型沼气工程，国家财政补贴 10 万元
4	《可再生能源发电有关管理规定》（发改能源〔2006〕13 号）；《可再生能源发电价格和费用分摊管理试行办法》（发改价格〔2006〕17 号）；《可再生能源电价附加收入调配暂行办法》（发改价格〔2007〕144 号）	国家发展和改革委员会	2006—2007 年	提出生物质发电的价格及费用分摊原则，电价标准由各省（自治区、直辖市）2005 年脱硫燃煤机组标杆上网电价加补贴电价组成。补贴电价标准为每千瓦时 0.25 元。发电项目自投产之日起，15 年内享受补贴电价；运行满 15 年后，取消补贴电价

----

① 李景明、薛梅：《中国沼气产业发展的回顾与展望》，《可再生能源》2010 年第 3 期；Huang Liming，"Financing Rural Renewable Energy：A Comparison between China and India"，*Renewable and Sustainable Energy Reviews*，Vol. 13，No. 5，2009.

编号	政策/法规名称	发布单位	发布时间	政策要点
5	《关于进一步加强农村沼气建设管理的意见》（农计发〔2007〕29号）	农业部、国家发展和改革委员会	2007年	加大财政补贴力度，加快养殖场沼气工程建设，积极推广"统一建池、集中供气、综合利用"的沼气工程建设模式，加强沼气服务体系建设
6	《关于印发养殖小区和联户沼气工程试点项目建设方案的通知》（农办计〔2007〕37号）	农业部、国家发展和改革委员会	2007年	鼓励发展养殖小区集中供气沼气工程和联户沼气工程，中央按沼气工程供农户数量予以补贴，中央资金主要用于沼气池及沼气输配设施建设
7	《关于进一步加强农村沼气建设的意见》（发改农经〔2012〕589号）	国家发展和改革委员会、农业部	2012年	加快发展大中型沼气工程，提高向农户供气率和沼液沼渣利用率，建设一批技术装备水平高、推广潜力大的示范工程；进一步加大沼气的科技投入，提升沼气科技和装备的整体水平

注：数据来源于已发布的正式文件。

二　地方层面的畜牧业环境污染防治政策

（一）北京市畜牧业环境污染防治政策

2002年，北京市农业局发布《北京市畜禽养殖场污染治理规划》，主要规定如下：一是合理调整养殖业区域布局，明确畜禽禁养区。养殖业逐步从近郊向远郊和山区转移，凡是新建的养殖加工企业一律要远离水源保护区、远离城镇、远离居民区；公路一环以内不再发展新的养殖业，现有的除特种养殖外的养殖场3年内都要逐步搬迁，县级以上公路和地表水源一级保护区、地下水防护区内禁止新建畜禽养殖场，做好现有养殖场搬迁。二是强化畜禽养殖场建场环保审批制度。新建规模养殖场（小区）要依照国家环保总局《畜禽养殖污染防治管理办法》的有关规定办理相关手续，由市农委、市农业局、市环保局联合审批；新建畜禽规模养殖场（小区）需严格执行环保"三同时"制度，提倡干清粪工艺，引导家庭散养向集约化养殖小区集中，从源头上防治畜禽养殖污染。结合畜禽粪便的综合利用和治理，建立有机肥厂，推广使用有机肥，促进有机农业的发展。三是按照"资源化、无害化、减量化"的原则对畜禽粪便进行综合利用和治理。采取人工捡拾清粪、建立场外或田间储粪池等措施，达到畜禽场外粪便收集贮存发酵不渗漏、不外溢，实现达标排放；粪便经加工处理后水分含量低于6%；畜禽场缓冲区有毒有害气体含量达到畜禽场环境质量标准；畜禽粪便经治理后实现与种植业有机结合的目标。2005年，北京市环保局继续开展规模化畜禽养殖场粪污治理工作，治理以猪场为主的养殖场50家，建成大型沼气工程10处，新增供气户500余户。2004年，北京市出台生态环境保护专项规划，强调结合农业结构调整和生态农业建设，控制郊区畜禽养殖业污染，要求2004年前五环路内、饮用水源保护区等地区的畜禽养殖业全部迁出或关闭，其他规模化畜禽养殖场的污水到2007年全部实现达标排放，粪便综合利用率达到90%以上。2006年，北京市出台《"十一五"时期环境保护和生态建设规划》，认为郊区养殖业粗放式经营导致的畜禽粪便污染仍未得到有效控制，提出按照生态农业建设的思路，开展规模化畜禽养殖场污染治理。2011年，北京市印发《"十二五"时期主要污染物总量减排工作方案》，启动畜禽养殖污染减排，要求适度控制畜禽养殖规模，使全市畜禽养殖规模控制在"十一五"末水平。

（二）上海市畜牧业环境污染防治政策

上海市开展畜禽污染防治行动较早。早在1995年，上海市政府就颁布了《上海市畜禽污染防治暂行规定》，要求"新建、改建和扩建大中型畜禽牧场，应当按照建设项目环境保护的有关规定办理申请审批手续"，并结合上海市水污染防治的要求，早于国家环保总局提出畜禽养殖业水污染排放标准，规定畜禽牧场应当严格按照规定的排放标准排放污染物，其中污水的排放标准为：（1）位于黄浦江上游水源保护区及准水源保护区内的，化学耗氧量（CODcr）≤350mg/L，生物耗氧量（BOD5）≤180mg/L，氨氮（NH$_3$–N）≤80mg/L；（2）位于上述地区以外的，化学耗氧量（CODcr）≤400mg/L，生物耗氧量（BOD5）≤200mg/L，氨氮（NH$_3$–N）≤100mg/L。2004年，上海市政府发布《上海市畜禽养殖管理办法》，根据全市畜禽养殖污染防治的需要，把全市划分为畜禽禁养区、控制养殖区和适度养殖区，在适度养殖区鼓励发展规模化畜禽养殖。2000年以来，上海市滚动实施环保三年行动计划，截至2011年底，第四轮环保三年行动计划结束，全市关闭、搬迁了273家分布在黄浦江水源保护区、城镇周边等禁养区内以及规模小、污染重、管理差、布点不合理的畜禽养殖场，结合禽流感防治关闭了890家小型畜禽场；建成45个畜禽粪便处理加工中心（工厂），年处理畜禽鲜粪便60余万t，占畜禽粪便总量的30%，解决了一大批畜牧场产生的畜禽粪便对周围河道环境污染的影响。同时，结合生态农业、循环农业建设，基本完成30个生态还田项目。

（三）重庆市畜牧业环境污染防治政策

2007年9月，重庆市政府出台《畜禽养殖区域划分管理规定和畜禽养殖区域划分及养殖污染控制实施方案》（渝府发〔2007〕103号），结合全市畜牧业发展规划，按照总量控制的思路，划定畜禽养殖禁养区、限养区、适养区，对不同养殖区域实行不同的畜禽养殖污染防治办法，分年度对禁养区畜禽养殖场取缔、关闭、搬迁和限养区、适养区畜禽养殖场污染综合整治提出了目标任务。2010年11月，重庆市政府印发《关于进一步加强畜禽养殖环境管理的通知》（渝府发〔2010〕343号），进一步从严划定了全市畜禽养殖禁养区和限养区，并加大了对重点区域的畜禽养殖污染防治力度。截至 2013 年 5 月，全市共关停累计搬迁禁养区内规模化养殖场（户）3516 个、畜禽 429.3 万头（只），拆迁圈舍面积 172.3 万平方米。2011 年 12 月，重庆市政府印发《重庆市"十二五"节能减排工作方案》（渝府发〔2011〕109 号），鼓励通过建设畜禽养殖场沼气治污工程，推广畜禽养殖零污染生态养殖技术。2012 年，重庆市环保局落实市级财政畜禽养殖减排专项资金 1 亿元，实施了 149 个畜禽养殖减排项目。自 2013 年实施"田园行动"以来，至 2017 年，市级财政计划投资约 5 亿元，将实施 1210 个规模化养殖场综合整治项目（130 万个生猪当量）、生态循环养殖 2 万户、清洁养殖示范 25 个养殖场、有机肥生产企业 10 家等，全面推动畜禽养殖业环境污染治理工作。

（四）广东省畜牧业环境污染防治政策

2002 年 12 月，广东省委、省政府印发《关于加强珠江综合整治工作的决定》（粤发〔2002〕16 号），要求各市对辖区内的畜禽养殖场进行全面整治，对禁养区内的畜禽养殖场限期搬迁或关闭。由于《畜禽养殖业污染物排放标准》（GB 18596—2001）设定的纳入环境监管的畜禽养殖规模较大，全省大部分规模化蛋鸡、肉鸡、肉鸭、肉牛养殖场无法纳入环境监管，导致国标监管范围之外的规模畜禽养殖污染难以有效控制。为此，2009 年 8 月，结合全省畜禽养殖污染防治的需要，出台实施地方标准《畜禽养殖业污染排放标准》（DB 44/613—2009），该标准对畜禽养殖污染物排放的规定高于国标，并要求畜禽养殖场采用干清粪工艺，提倡畜禽粪污的综合利用。同时，《标准》对珠三角畜禽养殖污染物的排放制定了更为严格的标准。2010 年 7 月，广东省环境保护厅、农业厅联合印发《关于加强规模化畜禽养殖污染防治促进生态健康发展的意见》（粤环发〔2010〕78 号），认为加强畜禽养殖业污染防治和监督管理，对促进全省污染物减排、改善农村人居环境、保障饮用水源安全和推动畜禽养殖业可持续发展具有十分重要的意义，要求在 2012 年前全面完成全省禁养区畜禽养殖场（区）清理工作，全省规模化养殖场（区）废弃物资源利用率达到 80% 以上；2015 年，全省规模化养殖场（区）废弃物资源利用率达到 90% 以上。大力推广生态养殖和标准化规模养殖模式，将污染治理、农村清洁能源开发和资源回收利用有机结合，不断提高养殖废弃物的综合利用水平，做到畜禽养殖废弃物减量化、无害化、资源化，减少对环境的污染。2012 年 5 月，广东省农业厅、省环保厅联合印发《广东省规模化畜禽养殖场（小区）主要污染物减排技术指南》（粤农〔2012〕140 号），为规模化畜禽养殖场（小区）新建、改建和扩建污染治理工程从设计、施工到运行的全过程管理提供了技术依据。

（五）江苏省畜牧业环境污染防治政策

2012 年 8 月，江苏省农业委员会、省环保厅联合印发《关于进一步加强农业源污染减排工作的意见》（以下简称《意见》），认为以畜禽养殖业为主体的农业污染物排放量在总排污量中的比重逐步增加，已经成为水污染物减排的重点。以畜禽养殖业为重点，开展农业源污染减排工作是促进江苏农业经济发展方式转变、改善农村环境质量、推进农村生态文明建设的必由之路。《意见》要求大力推动畜禽养殖场（小区）污染治理工程建设，"十二五"期间，每年建设完善 1000 家左右的规模化畜禽养殖治污工程，积极转变畜禽养殖方式，并结合农村环境连片整治试点工作，合理规划建设区域畜禽粪污处理中心，通过政策激励、资金支持、技术指导等手段，对养殖场（小区）的污染物统一收集和处理，确保到 2015 年，全省规模化畜禽养殖场（小区）全部建设治污设施并稳定达标运行，实现畜禽养殖面源减排。

（六）四川省畜牧业环境污染防治政策

为加强畜禽养殖污染防治，四川省委、省政府于 2007 年将规模化畜禽养殖污染治理纳入了全省"民生工程和惠民行动"，结合全省畜牧业发展规划，对规模化畜禽养殖的禁养区、限养区和适养区予以划定。

2007 年 6 月，省环保局、省畜牧食品局出台了《省政府挂牌督办畜禽养殖污染源综合整治验收办法》，对重点畜禽养殖污染企业采取省政府挂牌督办的方式予以治理。2012 年 2 月，省环保厅、省畜牧食品局联合印发《关于加强畜禽养殖业污染防治，推进生态畜牧业发展的意见》（川环发〔2012〕14 号），要求以水污染防治重点区域内的规模化畜禽养殖场污染防治为重点，充分考虑区域资源环境承载力，科学划定畜禽养殖禁养区、限养区和适养区，开展畜禽养殖污染防治，加强畜禽养殖业环境保护长效监管，推动畜禽废弃物资源化利用，发展生态畜牧业，确保在 2015 年全省出栏 500 头以上的规模养殖场 80% 完成配套建设污染防治设施，实现畜禽废弃物资源化利用，主要污染物化学需氧量、氨氮净削减率达到 10%。2012 年 4 月，四川省被环保部列为规模化畜禽养殖污染减排试点省，"十二五"期间，全省规模化畜禽养殖污染治理和综合利用率需达到 80%。2012 年 6 月，省政府发布《关于开展规模化畜禽养殖粪污综合利用试点示范工作的通知》（川环发〔2012〕16号），在全省选择 18 个县作为试点，开展规模化畜禽养殖粪污综合利用示范工作，并印发了《四川省规模化畜禽养殖粪污综合利用示范项目实施的技术要求》，为顺利推进试点示范县的畜禽养殖污染减排工作，明确了环保、发改、农业、畜牧四大部门的目标责任和工作任务。

三　我国畜牧业环境污染防治政策评述

2014 年 1 月 1 日，国务院颁布实施的《畜禽规模养殖污染防治条例》（国务院令第 643 号）是国务院制定实施的第一部农业农村环境保护行政法规，结合环保部、农业部等部门和地方政府出台实施相关行政法规，标志着我国畜牧业环境污染防治体系已基本建立，相关的配套政策、法规和标准逐步完善，但由于该《条例》颁布实施时间较短，各地多处于对该《条例》的学习宣传阶段，中央和地方相应的配套政策还未出台，短期内我国畜牧业环境污染与防治状况并未改变。

由于畜牧业环境污染具有典型的外部性和点面污染结合的特征，且环境监管成本和污染治理投资较高，养殖场仍缺乏主动治理的积极性，仅靠环保部门出台的相关畜禽养殖污染防治规章所形成的环境监管、部门间协调和政策激励等能力均十分有限，导致政策执行的效果并不理想（王修川、王腾，2008；梁流涛，2012；陈莉、左停，2011）[①]，畜牧业快速发展和污染防治水平滞后的矛盾已经成为我国畜牧业发展的瓶颈。为更好地规范污染防治工作，畜禽养殖业密集的北京、上海、重庆、广东、江苏、四川等主要省市在国家相关畜禽污染防治政策、法规和标准等基础上，结合辖区内畜牧业发展与环境污染特点，出台了大量的地方性政策法规，采取政府牵头环保与农牧等部门联合治理、结合畜牧业环境污染防治的需要制定了地方畜牧业发展规划、合理布局区域畜牧业发展、倡导畜禽粪污的资源化利用、重点监管与连片治理相结合等措施，对防治畜牧业环境污染起到了良好的促进作用。但从地方政府开展的一系列污染防治实践来看，多以命令控制型的政策为主，大量的畜禽养殖场被关停，开展污染防治的养殖场仍占少数，"达标排放"防治模式仍占主导，畜禽粪便资源化综合利用仍处在倡导、示范推广阶段，各地畜牧业环境污染形势依然严峻。结合中央和地方的实践来看，我国现行的畜牧业环境污染防治政策主要存在以下问题：

（一）财政扶持力度不足，养殖场开展污染防治的积极性不高

畜禽养殖的成本逐年升高，受市场价格周期性波动和疫病冲击的影响，畜牧业已成弱势产业，畜禽养殖已成薄利行业，加之我国畜禽养殖场大多规模较小、实力较弱，抗风险能力较低，很多养殖场正面临生存危机，多数养殖场缺乏长期的生产经营规划，仅凭养殖业主一己之力，

---

① 王修川、王腾、袁新国：《运用循环经济理论治理畜禽粪便污染》，《环境与可持续发展》2008 年第 1 期；梁流涛：《农业发展与协调性评价及影响因素分析》，《中国环境科学》2012 年第 9 期；陈莉、左停：《中国农村户用沼气发展的多元话语分析》，《农村经济》2011 年第 6 期。

难以承担污染防治设施的建设与运行费用。受财力制约，各级政府畜牧业污染防治专项财政资金难以做到"普惠制"，纳入财政资金支持范围的养殖场仅占少数，且财政资金多采取"先建后补"、"以奖促治"和"以奖代补"等方式支持，仅起到引导补充作用，养殖场业主仍需自筹资金开展污染防治。对于畜禽粪污资源化综合利用的经济激励政策不足，本应作为污染防治主体的养殖场多属于被动地纳入污染防治行动，养殖业主积极性不高，环境污染防治的"谁污染、谁治理"的原则难以适用。

（二）污染防治监管能力薄弱

畜牧业环境污染具有点源污染与面源污染结合的特征，我国乡镇一级政府多未设环保机构，分布于广大农村的畜禽养殖业的环境监管难度较大、成本较高，加上畜禽养殖已成微利行业，即使环保部门做出处罚和整改要求，很多养殖业主宁愿选择停产，也不愿意投资建设污染防治设施。在此背景下，基层的县级环保部门在有限的人力、物力和财力条件下，更侧重于对工业企业环境监察、排污费征收等工作，对畜禽养殖场难以形成有效的环境监管。

（三）污染防治技术支撑仍需完善

2013 年 7 月 17 日，环境保护部发布实施《规模畜禽养殖污染防治最佳可行技术指南》（试行），介绍了畜禽污染预防、堆肥发酵、生物酵床和厌氧发酵等技术的原理、工艺流程和适用性，并根据畜禽种类、养殖规模和地域特性等特点，简述了畜禽粪污厌氧消化、畜禽粪污堆肥处理和发酵床畜禽养殖污染防治最佳可行技术的工艺流程、工艺参数、污染物削减与防治措施、技术经济指标和技术应用注意事项，这是我国出台的第一部畜禽养殖污染防治技术指南，由于出台时间较短，还未得到有效的宣传、推广和落实。但该《指南》仍缺乏实用性强、运行成本低、处理效果好、适用范围广的畜禽污染防治技术，比如：在我国东北和北方很多地区，基于厌氧发酵技术的沼气治污工程冬季由于气温低就无法运行。地方政府还鲜有出台适于本地区的污染防治技术指南。

（四）畜禽粪便综合利用的配套政策和技术规范亟待完善

畜禽粪便不同于工业污染物，是优质的生物质资源，可以用来生产有机肥、发酵生产沼气等，合理的还田利用对于改善土壤肥力、恢复农田生态、提高农田生产力和保障农业可持续发展具有重要意义。在当前畜禽养殖行业已成薄利行业的背景下，污染防治设施的建设及运行成本让多数养殖场无力承担，"达标排放"模式不但很难解决畜牧业环境污染问题，还会对畜禽粪便资源造成浪费，只有对畜禽粪便采取综合利用才能从根本上解决污染问题。我国现有畜禽粪便综合利用政策多停留在倡议阶段，还未形成完善的财税支持政策和技术性操作细则，例如还未形成诸如 1 头育肥猪应配套多少土地消纳粪便等。缺乏完善的畜禽粪便综合利用配套政策和可操作性强的技术规范，对畜禽粪便综合利用的政策引导不够，畜禽粪便无法得到有效利用，从而对环境造成污染。

（五）畜牧业温室气体减排还未纳入污染防治政策安排

当前，畜牧业温室气体排放问题还未引起政府和公众的重视，现有防治政策几乎未涉及畜牧业温室气体减排问题，仅有《畜禽养殖业污染防治技术政策》（环发〔2010〕151 号）中首次提及要重视畜禽养殖业的温室气体减排（总则第 3 条），但未配套出台相关的减排技术政策措施，地方层面的污染防治政策均未提及畜牧业温室气体减排问题。

第二节　畜牧业环境污染防治国际经验借鉴

与我国相比，欧美等发达国家大规模畜牧业发展较早，不适当的畜禽粪便处置方式导致了严重的环境污染，也较我国更早地面对畜牧业环境污染问题。日本于 20 世纪 70 年代就已面临严峻的畜牧业环境污染问题。1993 年，美国威斯康星州密尔沃基市的城市供水受到了农场动物粪便原生寄生物的污染，引发了美国近代史上规模最大的突发性腹泻症，受感染者超过 40 万人（沈晓昆、戴网成，2011）①。为此，美国、欧盟、加拿大和日本等发达国家制定了一系列畜牧业环境污染防治政策，积累了丰富的防治经验，对当前我国畜牧业环境污染防治策略的制定具有重要的借鉴意义。

一　美国畜牧业环境污染防治政策

美国畜牧业环境污染防治领域的法规由联邦政府制定的《净水法案》（CWA）、《联邦水污染法》和州、地方制定各级法规构成，联邦政府立法对畜牧业环境污染防治进行概括性陈述，州一级立法对其制度化，地方市县一级对其具体明细化，形成了"联邦—州—地方"三位一体式的畜牧业环境污染管理体系。1972 年，美国国会颁布《净水法案》（CWA），由国会委托美国国家环保局（EPA）负责执行，《净水法案》规定未经 EPA 许可，任何企业不得向任一水域排放任何污染物，把畜禽养殖场列入污染物排放源，并将饲养 1000 个畜牧单位（折合肉猪 2500 头）以上的养殖场纳入点源污染环境监管。美国《联邦水污染法》对畜禽养殖场实行建场与环境许可制度，该法律规定：1000 个畜牧单位（折合 1000 头肉牛、700 头奶牛、2500 头肉猪等）及以上的规模化养殖场，实行建场许可制度，从源头上控制畜禽养殖污染。在联邦政府颁布实施的政策法规基础上，依阿华州环境保护委员会和自然资源局（负责全州水、空气质量管理的两个政府组织部门）分别对全州的畜牧业经营许可、建筑许可和畜禽粪便利用做了详细规定：采用露天敞开式畜舍、养殖数量在 1000 个畜牧单位以上的养殖场需申请畜牧业经营许可证，因特殊的自然地理情况不会对水体造成污染的除外；采用封闭式畜舍、养殖数量在 200 个畜牧单位及以上的养殖场并用土坑作为粪

便贮存设施的养殖场或需申请建筑许可证，而饲养数量在 200 个畜牧单位以下的养殖场则不需要申请；建设养殖数量大于 2000 个畜牧单位或采用厌氧发酵工艺处理畜禽粪便的养殖场则必须获得建筑许可证。在畜禽粪便还田施用方面，对农作物种植氮肥施用做了规定（第 1 年每亩氮肥施用不超过 400 磅，第 2 年不超过 250 磅），避免畜禽粪肥施用造成土壤养分过剩（尹红，2005）[①]。近年来，美国政府对规模化养猪场的粪污管理更为严格，业主配套一定面积土地用作消纳粪污方可向所在州一级政府申请建设一定规模的养猪场，且还需派人到州政府所委托的大学培训相关技术合格后，才能获得建场许可，大多数的美国猪场已经或即将面临严格的环境管理，经处理合格的猪场污水也不允许进入场外的任何水体，必须通过土地利用予以消纳。美国各州环保部门对造成污染的畜禽养殖场的处罚十分严格，一般采用每天罚金 100 美元以上，直至污染清除为止；或可先清除污染，费用由造成污染的养殖场负担（环保部《畜禽养殖污染防治最佳可行技术指南》编制组，2011）。市、县级政府也制定了一系列地方性的环保法规，如为防止畜禽粪便的集中生产，对养殖区划和粪肥土地利用做了具体要求：畜禽饲养规模需与业主拥有的土地规模相适应，确保畜禽粪便能得到有效处理；划定禁养区和其他农业生产活动区域；发行畜牧业环境污染防治债券等（环保部《畜禽养殖污染防治最佳可行技术指南》编制组，2011）。

二　欧盟畜牧业环境污染防治政策

在畜牧业环境污染防治领域，欧盟成员国家结合畜禽粪便利用对畜禽养殖规模、养殖密度、畜禽粪便贮存、利用方式及施用量限制等做出了详细规定。荷兰畜牧业养殖密度较高，对畜牧业环境污染防治十分严格。1984 年后，畜禽养殖规模已被政府纳入限制管理，因草地对氮具

---

① 尹红：《美国与欧盟的农业环保计划》，《中国环保产业》2005 年第 3 期。

有很强的吸收消纳能力，荷兰政府规定草地的畜禽粪便氮施用限制标准为 250kg/hm²，而耕地的施用限制标准为 170kg/hm²。荷兰政府还建立了畜禽粪便处置协议机制，要求有过剩畜禽粪便的养殖业主必须与种植者或加工商鉴定粪便处置协议，无法处置过剩畜禽粪便的养殖业主将面临缩减饲养规模或停产。此外，荷兰政府鼓励对畜禽粪肥加工出售，并对粪肥运输环节予以补贴（武淑霞，2005）①。英国政府于 1988 年颁布施行并于 1991 年修订的《城乡总体发展规划法令》规定：畜禽养殖场的建设与任何保护性建筑之间必须有 400m 以上的隔离区域（陶涛，1998）②。为防止畜禽粪便超出土地的消纳能力，英国对大型畜牧场的养殖规模进行严格限制，设定的奶牛、肉牛、生猪和蛋鸡的养殖上限分别为 200 头、1000 头、3000 头和 7000 只（环保部《畜禽养殖污染防治最佳可行技术指南》编制组，2011）。德国政府对水源环境敏感区的畜禽饲养密度进行明确规定：牛 3—9 头·hm⁻²、马 3—9 匹·hm⁻²、羊 18 头·hm⁻²、猪 9—15 头·hm⁻²、鸡 1900—3000 只·hm⁻²、鸭 450 只·hm⁻²，并规定畜禽粪便必须经过处理后才能排放到外部水体（杨泽霖、方炎，2002）③。丹麦政府根据丹麦的气候状况对畜禽粪肥的还田利用标准做了详细规定，充分考虑了寒冷气候对畜禽粪便贮存施用的影响（环保部《畜禽养殖污染防治最佳可行技术指南》编制组，2011）。1991 年实施的《欧盟有机农业和有机农产品与有机食品标志法案》规定有机农产品的种植必须使用适度的有机农业动物源肥料，当有机肥料不能满足使用时，可以适当补充其他肥料。该法案的推行有效地推动了欧盟国家采用先进的处理加工技术将畜禽粪便加工成为

---

　　①　武淑霞：《我国农村畜禽养殖业氮磷排放变化特征及其对农业面源污染的影响》，博士学位论文，中国农业科学院，2005 年。

　　②　陶涛：《国内外畜禽养殖业粪便管理及立法的比较》，《华中科技大学学报》（城市科学版）1998 年第 2 期。

　　③　杨泽霖、方炎：《国外畜禽养殖业的环境是怎样管理的》，《中国畜牧报》2002 年 4 月 7 日。

符合有机食品标准的有机肥，促进了畜禽粪便的资源化利用（朱宁等，2011）[①]。国内学者对欧洲国家畜禽粪便贮存与利用规定做了归纳总结（陶涛，1998；刘炜，2008）[②]，结果见表7-6。

表7-6　　　　　　　**欧盟部分国家畜禽粪便贮存与利用规定**

国家	最少贮存时间（月）	最多容纳畜禽（头）	氮施用量上限（kg/hm² · a⁻¹）	秋季农田施用粪便的规定
英国	4	未规定	250	允许
荷兰	6	未规定	210	禁止
法国	4—6	未规定	150	禁止
丹麦	9	2.3	未规定	禁止
芬兰	12	2.5	未规定	允许
德国	6	未规定	240	禁止
意大利	4—6	未规定	170—500	允许
挪威	8—10	2.5	未规定	限量
瑞典	8—10	2.5	未规定	限量

注：以牛计。

三　加拿大畜牧业环境污染防治政策

加拿大政府尤其重视利用土地消纳畜禽粪便，实现高度的农牧结合从而解决畜牧业环境污染问题。加拿大对畜禽养殖业环境污染的管理主要集中在联邦各省，由各省制定本辖区畜牧业环境污染防治措施。一方面，严格加强畜禽养殖场的建设管理，实行新办牧场审批制度，新办牧场必须出具牧场选址的地貌条件、距离水源的距离、粪污消纳土地面

---

① 朱宁、马骥、秦富：《主要蛋鸡养殖国家蛋鸡粪处理概况及其对我国的启示》，《中国家禽》2011年第6期。

② 陶涛：《国内外畜禽养殖业粪便管理及立法的比较》，《华中科技大学学报》（城市科学版）1998年第2期；刘炜：《加拿大畜牧业清洁养殖特点及启示》，《中国牧业通讯》2008年第10期。

积、土壤养分平衡条件、粪便贮存设施容积等情况说明，主管部门会根据养殖场养殖规模、周围人口密度和环境功能类型等因素，规定养殖场与周围居民居住点的最小间隔距离（MDS），畜禽养殖场业主还需制订和提交营养管理计划，内容涉及畜禽粪便贮存和利用计划，养殖场必须配套足够的土地用于消纳畜禽粪便，养殖场营养管理计划经主管审核通过后，方可获得生产许可证（单正军，2000）[①]。另一方面，制定了一系列的畜牧业环境污染防治技术规范，包括养殖场选址建设、畜禽粪便贮存及贮存利用等技术规范等，如规定：饲养 30 头以下母猪（或 500 头育肥猪）规模的养殖场，可随时把粪便直接撒到地里；饲养 30—150 头母猪规模的养殖场每 2 周撒施 1 次；饲养 150—400 头母猪规模的养殖场要有贮粪池，每半年撒施 1 次；饲养 400 头母猪以上规模的养殖场则要建化粪池，每年只能撒施 1 次。2000 年阿尔伯塔省颁布的《畜禽发展及粪便管理实施规范》规定每公顷土地的猪粪尿用量为 57—114t，或 1 亩地用 2 头育肥猪的粪便，若无足够土地，可用邻居土地进行调节（环保部《畜禽养殖污染防治最佳可行技术指南》编制组，2011）。安大略省为激励畜禽养殖场建立环保型的养殖模式，对配套建设畜禽养殖环保设施设备的业主给予补贴，补贴范围包括粪尿储存、利用设施和水源保护设施的设备补贴（刘炜，2008）[②]。

四　日本畜牧业环境污染防治政策

为解决畜牧业环境污染问题，日本政府出台了一系列污染防治法规。如《水污染防治法》规定猪舍、牛棚和马厩面积分别为 $50m^2$、$200m^2$ 和 $500m^2$ 以上且在公共用水区域排放污水的畜禽养殖场，需在都道府县知事处申报设置特定设施（张彩英，1992）[③]，并规定了畜禽养

---

① 单正军：《加拿大畜牧业环境保护管理考察报告》，《农村生态环境》2000 年第 4 期。
② 刘炜：《加拿大畜牧业清洁养殖特点及启示》，《中国牧业通讯》2008 年第 10 期。
③ 张彩英：《日本畜产环境污染的现状及其对策》，《农业环境与发展》1992 年第 2 期。

殖场的污水排放标准：BOD_5 和 COD 日平均质量浓度为 $120mg \cdot L^{-1}$，上限值为 $160mg \cdot L^{-1}$；固体悬浮物（SS）日平均质量浓度为 $150mg \cdot L^{-1}$，上限值 $200mg \cdot L^{-1}$；氮的允许质量浓度上限值为 $129mg \cdot L^{-1}$，日平均浓度为 $60mg \cdot L^{-1}$；磷的允许质量浓度上限值为 $16mg \cdot L^{-1}$，日平均浓度为 $8mg \cdot L^{-1}$（武淑霞，2005）[①]。日本政府还出台了一系列经济激励政策，激励畜禽养殖场业主开展污染防治，如养殖场粪污处理设施的建设和运行费用由国家和道府县分别补贴 50% 和 25%（环保部《畜禽养殖污染防治最佳可行技术指南》编制组，2011）。日本政府农林水产省也出台了相关行政管理措施以保护畜产环境：一方面，在经济上资助有助于改善和保护畜产环境设施的事业，如畜产环境对策研究事业、畜产经营环境改善事业、改进畜产经营事业以及促进家畜粪尿处理利用新技术实用化事业等；另一方面，为畜产环保事业建立良好的融资机制，畜禽养殖场的粪便处理设施所需资金可申请都道府县设置的农业改良资金特别会计处或农林渔业金融公库的免息贷款；此外，在课税政策上，对于畜禽养殖场环保设施采取减轻课税标准和减免不动产所得税的办法（张彩英，1992）[②]。

五　国外畜牧业环境污染治理政策对我国的启示

国外发达国家畜牧业在发展过程中也曾对环境造成严重污染，美国、欧盟、加拿大和日本等发达国家颁布了一系列污染防治政策措施，有效地遏制了畜牧业环境污染形势，对当前我国畜牧业环境污染防治策略的制定具有良好的借鉴意义。

首先，应建立完善的畜牧业环境管理体系。完善的环境管理体系应包括健全高效的环境管理机构、完备的法律法规和可行的技术操作规

---

① 武淑霞：《我国农村畜禽养殖业氮磷排放变化特征及其对农业面源污染的影响》，博士学位论文，中国农业科学院，2005 年。
② 张彩英：《日本畜产环境污染的现状及其对策》，《农业环境与发展》1992 年第 2 期。

范。美国构建起"联邦—州—地方"三级畜牧业环境管理体系，欧盟对畜禽粪便贮存与利用制定了详细规定，加拿大通过建场审批和一系列的环境管理技术规范实现了高度的农牧结合，日本制定了严格的畜禽养殖污染物排放标准等。

其次，应采取复合型的政策措施防治畜牧业环境污染。综合来看，上述发达国家所采取的畜牧业环境污染防治措施也可大致分为命令控制型和经济激励型两类政策。命令控制型政策包括美国畜禽养殖场排污许可制度、建场许可制度、环境许可制度、畜禽粪便利用规定和违法处罚等，欧盟对畜禽养殖规模、养殖密度、畜禽粪便贮存、利用方式及施用量限制的详细规定等，加拿大的新办牧场审批制度、畜禽养殖业环境管理技术规范等和日本的畜禽污染处理设施申报、污染物排放标准等。经济激励型政策包括畜禽污染处理设施建设补贴和相关财税支持政策等，如加拿大安大略省的养殖场环保设施补贴和日本的财政补贴、融资支持和税收优惠政策等。

第三节　我国畜牧业环境污染防治策略

畜牧业为我国城乡居民提供肉、蛋、奶等重要食物，是我国"菜篮子"工程的重要组成部分，直接关系到国计民生。作为发展中国家，我国畜牧业产值占大农业产值的比重还不够高，还需大力发展。受市场、疫病等因素的影响，我国畜牧业已成为风险高、利润薄的弱势产业，应充分考虑畜牧业在我国国民经济中的地位和行业特点，不能简单地采取工业污染治理的思路，需统筹兼顾畜牧业发展和污染防治两大目标，注重对畜禽粪便的综合利用，把畜牧业温室气体减排纳入污染防治政策体系，实现对畜牧业环境污染的全面防治，推动我国畜牧业持续健康发展，确保畜禽产品稳定供应。

一　强化畜牧业环境污染防治体系建设

从畜牧业产业规划布局、环境准入、饲养过程和粪便贮存利用等环节预防畜禽养殖污染的发生，通过政策、技术等措施因地制宜开展污染防治，建立环保、畜牧、发改、财政、统计等多部门联动的污染防治机制，探索建立污染风险预警系统，构建高效的畜牧业环境污染防治体系。

（一）严格畜禽养殖环境准入制度

对于新建、改建或扩建的畜禽养殖场，应综合评估养殖场周边人口密度、环境敏感度、土壤肥力、作物需肥量等环境对畜禽养殖规模的承载能力，并配套相应的环保处理设施，严格执行畜禽养殖场建设的环境影响评价制度，实行养殖场建场审批制度，从源头上控制畜牧业环境污染。

（二）注重畜牧业环境污染全过程管理

从制度上分解各级政府、农业（畜牧）、环保等部门对畜牧业环境污染防治的责任，协调好畜牧业发展与污染防治之间的关系；各地畜牧业发展应充分考虑区域环境承载能力，科学划定禁养区、限养区和发展区，合理确定畜禽养殖的品种、规模和布局，注重养殖场规划选址、养殖结构、养殖规模、粪污处理设施、粪污处理工艺、粪污排放及其资源化利用方式的日常监管，实现对畜牧业环境污染防治的全过程管理。

（三）因地制宜，分类防治

应充分考虑我国不同地区畜牧业和不同类型养殖场所面临的污染防治情况的差异，根据畜禽养殖场的养殖规模及所处的自然环境，采取分类防治策略。对于符合点源污染界定的畜禽养殖场，规范设置养殖场排污口，纳入日常环境监管；对于面源污染类型的畜禽养殖场，逐步建立科学的监测、普查和评估体系。

（四）增强对畜牧业环境污染的监管能力

从制度上明确环保部门对畜牧业环境监察的监管方式、监管频次、监管重点、治理要求等内容，增加基层环境监察机构部门专业技术人员和专用仪器设备，提高基层环境污染监测能力，进一步细化基层环境监察机构日常监管内容，并把畜牧业环境污染监管纳入乡镇一级政府绩效考核，确保日常监管责任的有效落实。

（五）加大对畜牧业环境污染的执法力度

国家层面的环境保护督察中心要重视和强化对地方政府畜牧业环境污染的督察力度，地方政府尤其是县级政府要组织环保、农业（畜牧）、发改、财政等部门联合开展污染防治执法检查，提高执法效率。

（六）探索建立畜牧业环境污染风险预警系统

进一步完善全国污染源普查数据库，全面掌握各地区畜禽养殖规模、养殖结构、污染源分布、污染物排放、污染防治设施、粪污综合利用和相关环境管理制度等情况，建立全国范围内的畜禽养殖污染信息化管理系统，及时发布环境污染风险预警，探索建立全国范围内的畜牧业环境污染风险预警系统。

二 加大政策扶持力度，健全经济激励机制

畜禽粪便与一般的工业污染物不同，是宝贵的有机质资源，可以还田利用、制取商品有机肥、生产沼气和发电等，通过综合利用变废为宝，实现污染物的零排放。我国畜牧业环境污染防治策略的制定应突出畜禽粪便的资源属性，并充分考虑畜牧业的特殊性，加大对畜牧业环境污染防治的政策扶持力度，健全经济激励机制，推动建立政府、养殖场和社会资本的多元化污染防治投入机制，推动畜牧业健康可持续发展。

（一）加大对污染防治设施的财政投入

设立畜牧业环境污染防治专项资金，在中央农村环境连片整治、污

染物总量减排、中央规模化养殖场标准化改扩建、大中型沼气工程等财政投入的基础上，加大对养殖场配套建设污染防治设施的财政支持，并对通过贷款融资用于污染防治设施建设的养殖场给予贷款贴息支持，以减轻养殖场治污的经济负担，提高养殖者开展污染防治的积极性。

（二）引导社会资本参与污染防治

按照"谁投资、谁受益"的原则，运用市场机制和财税支持等政策，引导社会资本积极参与畜禽养殖场污染防治，实现社会化、专业化的污染防治运营服务。

（三）完善畜禽粪便综合利用的经济激励政策

完善财税、信贷等经济激励政策，对开展畜禽粪便综合利用的养殖场给予财政补贴，扶持养殖场建设沼气发酵工程、生物发酵床、有机肥生产线等设施，并对畜禽粪便综合利用的终端产品予以补贴，鼓励养殖场利用畜禽粪便开展沼气集中供户、沼气发电并网、沼气压缩提纯、有机肥加工等生产经营活动，提高养殖场业主开展畜禽粪便综合利用的积极性。

（四）鼓励畜禽养殖场流转土地、种养结合，开展农牧一体化经营

通过财税、信贷等经济激励手段，引导畜禽养殖场流转土地，利用周边耕地、林地、草地、园地等消纳粪污，并发挥畜禽养殖场的平台作用，整合土地、资本、劳动力、金融等资源，实施畜禽粪便还田利用，种养结合发展循环农业，开展农牧一体化经营，以改善畜禽饲养环境，提升畜禽产品品质，并利用畜禽粪便有机肥资源，生产绿色、有机农产品，实现畜禽养殖场生产方式生态化转型，促进农牧生态平衡，通过农业产业化经营，推动农业增效、农民增收和新农村建设。

（五）完善畜禽污染防治补偿措施

各地应对因划定禁养区搬迁或关闭的畜禽养殖场所造成的经济损失

予以补偿，并明确补偿办法、补偿范围、补偿对象和补偿标准等。

三　完善畜牧业环境污染防治技术标准和规范

（一）完善畜禽养殖污染物排放标准

以生猪养殖为例，现行的《畜禽养殖业污染物排放标准》（GB 18596—2011）仅对年存栏 500 头以上生猪养殖场纳入监管范围，根据《中国畜牧业年鉴》（2011 年）发布的统计数据，2010 年我国存栏 500 头以上的畜禽养殖场年存栏生猪 16131.15 万头，仅占全国当年生猪存栏的 34.54%（生猪存栏数据按出栏数据的一半折算），应进一步完善畜禽养殖污染物排放标准，扩大畜禽养殖环境监管范围。同时，各地要根据国家有关标准，结合当地畜禽养殖污染防治工作实际，制定地方性的畜禽养殖污染物排放标准。

（二）完善畜禽养殖污染防治技术规范

一方面，地方政府尤其是县级政府应根据当地的自然条件和人文社会环境，结合国家相关技术规范标准，研究制定适于本地区的畜禽污染防治技术指南，作为开展畜禽污染防治的技术依据；另一方面，围绕畜禽粪污资源化综合利用，研究制定适于本地区的沼液沼渣利用、粪肥还田利用、沼气制取、有机肥生产等技术规范。

（三）探索建立畜牧业温室气体减排的技术体系

积极开展畜牧业温室气体排放监测技术与方法的研究，建立科学、可行和适于我国国情的畜牧业全生命周期温室气体排放清单，探索建立促进畜牧业温室气体减排的技术体系，科学评估我国畜牧业温室气体减排潜力，有助于我国的畜牧业温室气体减排政策的制定。

四　加强畜牧业环境污染防治技术研发、示范和推广

以源头削减和综合利用为重点，鼓励开展畜牧业环境污染防治实用技术的研发，重点研发粪污处理和"三沼"综合利用等技术；以污染

防治技术的经济适用性为重点，根据各地污染治理的实践，积极开展畜牧业环境污染防治技术筛选和评估，总结适于某一地区的污染防治的技术模式；选取建设成本低、运行费用低和易于管理维护的畜牧业环境污染防治技术模式，根据各地的实际情况，建设一批技术示范点，逐步摸索出有效的技术和管理模式，为技术推广提供经验；建立相应的畜牧业环境污染防治技术推广与服务体系，定期组织专家和技术人员，开展污染防治科技下乡活动，指导畜禽养殖场采用适宜技术开展污染防治。

五　推动畜牧业环境污染防治宣传教育

意识是行动的先导，我国畜禽养殖分布于广大农村地区，开展环境普法教育和环境警示教育十分重要。一方面，要让畜禽养殖者知晓畜牧业环境污染形势的严峻性和养殖造成污染的违法性，提高养殖业主开展污染防治的自觉性；另一方面，加大新闻媒体环境宣传和社会舆论监督力度，增强公众尤其是农民的环境法制观念和维权意识，督促畜禽养殖业主开展污染防治。

六　大力推动畜牧业温室气体减排

畜牧业温室气体排放是一个新的概念，还未引起我国政府、养殖业主和公众的足够重视，但国内外相关研究和本书研究表明，我国畜牧业温室气体排放不容忽视，需采取有力措施，大力推动畜牧业温室气体减排，实现对畜牧业环境污染的全方位防治。

（1）积极改良饲料配方，合理调配日粮精粗比，推广秸秆青贮、氨化，提高饲料转化率，推广畜禽良种化，优化畜牧业产业结构，推动非反刍类畜禽发展，减少家畜胃肠道发酵产生的温室气体排放；

（2）按照"种养结合、以地定畜"的原则，合理规划布局畜牧业发展，制定和完善畜禽粪肥利用管理政策，大力发展沼气工程，促进畜禽粪便还田及沼气能源化利用，减少畜禽粪便管理系统产生的温室气体排放；

（3）按照节能减排的理念对畜禽圈舍进行设计，应用节能减排的环境调控技术与设施，降低畜禽饲养能耗，减少畜禽饲养环节的温室气体排放；

（4）大力发展节粮型畜牧业，充分利用牧草、农副产品、轻工副产品等非粮饲料，降低饲料粮消耗，以减少饲料粮种植及加工环节的温室气体排放；

（5）结合西部和牧区以牧养的反刍动物牛、羊为主的特点，重点推广减少反刍动物胃肠发酵甲烷排放的饲养技术（如牧草青贮等技术），加强草原保护，积极推进人工种草，加快实施牧草良种补贴，扩大优质牧草种植面积，因地制宜推行禁牧、休牧、轮牧和草畜平衡等制度，推动西部和牧区畜牧业发展方式转变，开发推广牧区牧草冬春储备技术，促进牧草使用的季节性平衡，保护草原生态，增强草原碳汇功能。

第四节　本章小结

本章系统梳理了我国中央和地方颁布实施的一系列畜牧业环境污染防治政策，并指出现有政策存在的不足，"达标排放"治理模式仍占主导，对畜禽粪便的综合利用仍处在倡导、示范推广阶段，仍然存在财政扶持不足、养殖场开展污染防治的积极性不高，污染防治监管能力薄弱，污染防治技术支撑仍需完善、畜禽粪便综合利用的配套政策与技术规范亟待完善和畜牧业温室气体减排还未纳入政策安排等问题。借鉴美国、欧盟、加拿大和日本的畜牧业环境污染防治经验，我国应建立完善的畜牧业环境管理体系，并采取包括命令控制型政策和经济激励型政策在内的复合型的政策措施防治畜牧业环境污染。

　　在梳理评述我国现行的畜牧业环境污染防治政策和借鉴欧美等发达国家的畜牧业环境污染防治经验的基础上，结合前文分析，充分考虑我国畜牧业在国民经济中的地位和行业特点，统筹兼顾畜牧业发展和环境污染防治两大目标，提出强化畜牧业环境污染防治体系建设，加大政策扶持力度、健全激励机制，完善污染防治技术标准和规范，加强污染防治技术研发、示范和推广，推动污染防治宣传教育和大力推动畜牧业温室气体减排等污染防治策略。

第八章

主要结论与研究展望

第一节　主要结论

改革开放以来，我国畜牧业发展迅速，但畜牧业的快速发展也引起了严重的环境污染问题，畜禽粪便已成为我国农业面源污染的主要来源，同时畜牧业温室气体排放问题也开始显现。加强和完善畜牧业环境污染防治工作既是我国农业面源污染治理的主要领域，也是实现温室气体减排的重要途径，是保障畜牧业可持续发展的保证。本书从宏观上把握我国畜牧业发展现状，科学量化我国畜牧业对水体、土壤环境造成的氮磷污染和温室气体排放状况，分析畜牧业环境污染的时空特征，把握畜牧业环境污染与经济增长之间的长期关系；从微观上分析畜禽养殖场环境污染防治意愿，选择典型案例剖析养殖场开展环境污染防治的做法及效益。在此基础上，梳理和评述我国中央和地方现行的畜牧业环境污染防治政策，并借鉴欧美等发达国家畜牧业环境污染防治政策，提出适于我国畜牧业发展的环境污染防治策略。得出的研究结论如下：

（1）我国畜牧业在迅速发展的同时，环境污染问题显现。基于环境承载力和生命周期理论的实证分析表明，我国畜牧业环境污染形势严峻，畜牧业氮磷排放造成水体和土壤环境的承载压力超标的同时，畜牧业温室气体排放总量呈上升趋势，已成为新的环境污染问题。相对于改革开放初期，我国畜牧业综合生产能力显著增强，人均畜禽产品占有量大幅提高，畜禽产品结构逐步优化，形成了区域化的畜禽生产布局，畜禽养殖标准化、规模化水平提高，畜禽良种建设成效显著，已建立起完善的畜牧技术推广体系，畜禽养殖上下游产业链间进一步融合，涌现出广东温氏、中粮肉食、新希望、罗牛山、雏鹰农牧等一系列大型畜禽养殖企业集团，加速了我国畜牧业现代化进程。基于环境承载力理论的实证分析表明：考虑化肥使用和农作物需肥量等因素，1990—2011 年 22 年间我国畜牧业对水体、土壤环境的污染压力总体上呈现出"逐年上升—平稳回落"的两阶段特征。水环境超载已成为各地区畜牧业发展面临的首要环境约束，土壤环境超载次之。2011 年，除西藏外，我国大陆地区其他省区市畜牧业氮磷排放均呈现环境承载超标；经济区间对比表明：土壤环境承载压力指数从大到小依次为中部、东部、西部和东北地区，水体环境承载压力指数从大到小依次为东部、中部、东北和西部地区；畜牧业区划间对比表明：土壤环境承载压力指数从大到小依次为农区、牧区和农牧交错区，水体环境承载压力指数从大到小依次为农牧交错区、农区和牧区。基于生命周期评价方法的实证分析表明：1990—2011 年 22 年间我国畜牧业全生命周期及各个环节的 CO_2 当量排放量均呈现上升趋势，尤其是畜禽饲养耗能、饲料粮种植、饲料粮运输加工和畜禽屠宰加工环节的增长更为显著，但历年饲料粮运输加工和畜禽屠宰加工环节占畜牧业全生命周期 CO_2 当量排放总量的比重分别低于1% 和 0.05%；家畜胃肠道发酵和粪便管理系统环节占畜牧业全生命周期 CO_2 当量排放总量的比重呈下降趋势；22 年间，反刍家畜的 CO_2 当量排放量占 55.25%，非反刍畜禽占 44.75%。2011 年，我国大陆地区内蒙古、辽宁和云南的畜牧业全生命周期 CO_2 排放当量和排放强度均位居全国前 10；西部地区畜牧业全生命周期 CO_2 当量排放量所占比重最大，并且西部地区的排放强度最高；农区畜牧业全生命周期 CO_2 当量排放量占 63.88%，牧区占 14.07%，但牧区的排放强度最高，农区最低。

（2）运用 EKC 理论验证我国畜牧业环境污染与经济增长之间的关系发现：畜牧业对水体和土壤造成的环境污染与人均 GDP 之间符合倒"U"型曲线关系，且已跨过曲线"拐点"呈良性发展趋势；畜牧业温室气体排放强度呈线性下降趋势，与人均 GDP 之间不符合倒"U"型曲线关系。本书在系统阐述环境污染与经济增长理论关系的基础上，采用 1990—2011 年 22 年间反映我国畜牧业环境污染程度的 3 项指标：畜禽粪便排放引起的土壤氮素超载量、水环境承载压力指数和畜牧业温室气体排放强度，在时间序列平稳的前提下，分别对历年人均 GDP 进行回归分析，验证是否符合 EKC 曲线。研究表明：畜牧业氮磷排放对土壤和水体造成的环境污染与人均 GDP 之间符合倒"U"型曲线关系，且已跨过曲线"拐点"呈良性发展趋势；畜牧业全生命周期温室气体排放强度呈线性下降趋势，与人均 GDP 之间不符合倒"U"型曲线关系。总体而言，我国畜牧业环境污染随着经济增长已呈现出缓和的趋势。

（3）运用二元 Logistic 回归模型分析畜禽养殖场环境污染防治意愿的影响因素，研究表明：养殖场养殖规模、土地经营规模、畜禽污染防治经济成本和来自环保部门的监管压力对养殖场开展环境污染防治的概率具有显著的正向影响。武汉市畜牧业的发展在一定程度上是我国畜牧业发展的一个缩影，选择武汉市作为样本区域，具有一定的代表性。2000 年后，针对畜牧业发展引发的环境污染问题，武汉市政府先后出台了一系列污染防治政策。本书在梳理武汉市畜牧业发展与环境污染防治政策的基础上，以武汉市年出栏 500 头以上的 103 家猪场为样本，运用二元 Logistisc 回归模型对养殖场开展环境污染防治的意愿进行实证分析，研究表明：养殖场养殖规模、土地经营规模、畜禽污染治理经济成本和来自环保部门的监管压力对规模化养殖场开展畜禽污染治理的概率具有显著的正向影响。养殖场决策者年龄、文化程度、养殖年限、近 3 年效益情况、融资渠道是否畅通、对畜禽污染程度的认知、是否认为畜禽养殖会加剧全球气候变暖、是否因养殖场环保问题影响到与周边村民和村委会或政府的关系对养殖场开展环境污染防治不具有显著影响。

（4）采用案例分析方法，研究武汉银河猪场开展环境污染防治的效益，研究表明：武汉银河猪场通过建设大型沼气治污工程、实施土地流转与整理开发、严格规范生猪饲养管理、开展粪污资源化利用和农牧一体化经营，较好地解决了猪场环境污染问题，并构建起种养结合循环农业系统，与单纯的生猪养殖相比，该循环农业系统在资源减量化程度、环境承载压力状况、生产效率和经济效益方面均占优势。

（5）提出我国畜牧业环境污染防治策略。结合前文研究结果，梳理和评述我国现行的畜牧业环境污染防治政策，借鉴欧美等发达国家的污染防治经验，充分考虑我国畜牧业在国民经济中的地位和行业特点，统筹兼顾畜牧业发展和环境污染防治两大目标，提出强化畜牧业环境污染防治体系建设，加大政策扶持力度、健全激励机制，完善污染防治技术标准和规范，加强污染防治技术研发、示范和推广，推动污染防治宣传教育和大力推动畜牧业温室气体减排等污染防治策略。

第二节　研究展望

受现阶段研究能力、研究条件和数据获取等因素的制约，本研究仍有不足之处，还有待后续研究进一步完善。

（1）研究内容有待进一步完善。本书对畜牧业环境污染的研究仅限于畜牧业环境污染中的氮磷元素对水体、土壤环境的污染和畜牧业生产全生命周期内的温室气体排放，受研究能力制约，畜禽粪便中重金属元素、畜禽病死尸体等造成环境污染未能纳入本书研究范畴，还有待后期进一步研究。

（2）对畜牧业环境污染的测算结果有一定的不确定性。本书在测算我国不同省份、地区畜牧业氮磷污染和温室气体排放状况时，受畜禽、饲料调入调出统计数据可获得性的制约，未能将跨区域因素考虑在内，导致研究结果具有一定不确定性，但跨区域流动为非主导因素，认为这种不确定性是可以接受的，跨区域问题将在后续研究中深入探讨。

（3）调查样本、问卷设计等方面有待进一步完善。畜禽养殖场多位于偏远郊区，分布又特别分散，由于时间短、精力有限，本研究选择的调查区域仅限于武汉市，在被调查对象的选择上，仅以环境污染最为突出的养猪场作为问卷调查的对象，对研究结果可能会产生一定的影响。畜牧业环境污染防治涉及政府、养殖场和社会各方面，本书在问卷设计时主要以污染防治的主体——养殖场业主为对象，来考察养殖场开展环境污染防治的意愿，并选择典型案例予以分析，由于时间、精力和能力有限，在问卷设计中，对存在问题设计不够全面，对研究结果有一定影响，将在后续研究中进一步完善。

参考文献

一 中文文献

白瑜、陆宏芳、何江华等：《基于能值方法的广东省农业系统分析》，《生态环境》2006 年第 1 期。

边淑娟、黄民生、李娟等：《基于能值生态足迹理论的福建省农业废弃物再利用方式评估》，《生态学报》2010 年第 10 期。

蔡晓明：《系统生态学》，科学出版社 2000 年版。

陈丹、陈菁、关松等：《基于能值理论的区域水资源复合系统生态经济评价》，《水利学报》2002 年第 12 期。

陈德明、杨劲松、刘广明：《规模化牲畜养殖场的环境效应及其对策》，《上海环境科学》2002 年第 8 期。

陈莉、左停：《中国农村户用沼气发展的多元话语分析》，《农村经济》2011 年第 6 期。

陈敏鹏、陈吉宁：《中国区域土壤表观氮磷平衡清单及政策建议》，《环境科学》2007 年第 6 期。

陈默、王晓莉、吴林海：《R&D 投入能力、企业特征、政府作用与企业低碳生产意愿研究》，《科技进步与对策》2010 年第 22 期。

陈绍晴、陈彬、宋丹：《沼气农业复合生态系统能值分析》，《中国人口·资源与环境》2012 年第 4 期。

陈笑、史剑茹、孟蝶等：《沼气与沼肥在农业和环境方面的运用与成效》,《中国沼气》2011 年第 1 期。

陈瑶、王树进:《我国畜禽集约化养殖环境压力及国外环境治理的启示》,《长江流域资源与环境》2014 年第 6 期。

陈勇、李首成、税伟等:《基于 EKC 模型的西南地区农业生态系统碳足迹研究》,《农业技术经济》2013 年第 2 期。

程火生、崔哲浩:《长白山地区生态旅游环境承载力与可持续发展研究》,《延边大学农学学报》2010 年第 1 期。

程磊磊、尹昌斌、鲁明中等:《国外农业面源污染控制政策的研究进展及启示》,《中国农业资源与区划》2010 年第 3 期。

仇焕广、严健标、蔡亚庆等:《我国专业畜禽养殖的污染排放与治理对策分析——基于五省调查的实证研究》,《农业技术经济》2012 年第 5 期。

崔风暴:《宜宾市复合生态系统的能值评价及其可持续发展探析》,《特区经济》2007 年第 7 期。

单正军:《加拿大畜牧业环境保护管理考察报告》,《农村生态环境》2000 年第 4 期。

董巍、刘昕、孙铭等:《生态旅游承载力评价与功能分区研究——以金华市为例》,《复旦学报》(自然科学版)2004 年第 6 期。

杜江、刘渝:《中国农业增长与化学品投入的库兹涅茨假说及验证》,《世界经济文汇》2009 年第 3 期。

范小杉、高吉喜:《中国农业生态经济系统能值利用现状及其演变态势》,《干旱区资源与环境》2010 年第 7 期。

范小杉、高吉喜:《中国生态经济系统资源利用状况及演变趋势》,《中国人口·资源与环境》2009 年第 5 期。

付伟、蒋芳玲、刘洪文等:《沛县蔬菜生态系统能值分析》,《中国生态农业学报》2011 年第 4 期。

高定、陈同斌、刘斌等:《我国畜禽养殖业粪便污染风险与控制策略》,

《地理研究》2006 年第 2 期。

高宏霞、杨林、王节：《经济增长与环境污染关系的研究——基于环境
　　库兹涅茨曲线的实证分析》，《云南财经大学学报》2012 年第 2 期。

郭冬生、彭小兰、龚群辉等：《畜禽粪便污染与治理利用方法研究进
　　展》，《浙江农业学报》2012 年第 6 期。

国家发展和改革委员会：《中华人民共和国气候变化初始国家信息通
　　报》，2005。

国家环境保护总局自然生态司：《全国规模化畜禽养殖业污染情况调查
　　及防治对策》，中国环境科学出版社 2002 年版。

韩瑞玲、佟连军、佟伟铭等：《经济与环境发展关系研究进展与述评》，
　　《中国人口·资源与环境》2012 年第 2 期。

何秋香、王菲凤：《福州青口投资区工业系统能值分析》，《福建师范大
　　学学报》（自然科学版）2010 年第 3 期。

何如海、江激宇、张士云等：《规模化养殖下的污染清洁处理技术采纳
　　意愿研究——基于安徽省 3 市奶牛养殖场的调研数据》，《南京农业
　　大学学报》（社会科学版）2013 年第 3 期。

洪华生、曾悦、张珞平等：《九龙江流域畜牧养殖系统的氮磷流失研
　　究》，《厦门大学学报》（自然科学版）2004 年第 4 期。

侯茂章、朱玉林：《基于能值理论的湖南环洞庭湖区域农业产出研究》，
　　《中国农学通报》2013 年第 14 期。

侯勇、高志岭、马文奇等：《京郊典型集约化“农田－畜牧”生产系统
　　氮素流动特征》，《生态学报》2012 年第 4 期。

胡向东、王济民：《中国畜禽温室气体排放量估算》，《农业工程学报》
　　2010 年第 10 期。

胡艳霞、李红、王宇等：《北京郊区多目标产出循环型农业效益评
　　估——以房山区南韩继大型养猪—沼气生态经济系统为例》，《中国
　　农学通报》2009 年第 9 期。

环境保护部、农业部：《全国畜禽养殖污染防治"十二五"规划》，2013。

黄灿、李季：《畜禽粪便恶臭的污染及其治理对策的探讨》，《家畜生态》2004 年第 4 期。

黄冠庆、安立龙：《运用营养调控措施降低动物养殖业环境污染》，《家畜生态》2002 年第 4 期。

黄敬宝：《外部性理论的演进及其启示》，《生产力研究》2006 年第 6 期。

贾丽虹：《外部性理论及其政策边界》，华南师范大学出版社 2003 年版。

江希流、华小梅、张胜田：《我国畜禽养殖业的环境污染状况、存在问题与防治建议》，《农业环境与发展》2007 年第 4 期。

蒋萍、余厚强：《EKC 拐点类型、形成过程及影响因素》，《财经问题研究》2010 年 6 月。

景栋林、陈希萍、于辉：《佛山市畜禽粪便排放量与农田负荷量分析》，《生态与农村环境学报》2012 年第 1 期。

康文星、王东、邹金伶等：《基于能值分析法核算的怀化市绿色 GDP》，《生态学报》2010 年第 8 期。

李飞、董锁成：《西部地区畜禽养殖污染负荷与资源化路径研究》，《资源科学》2011 年第 11 期。

李国江：《安达地区家畜粪便处理的现状及有效利用》，《兽医导刊》2007 年第 12 期。

李金华：《中国可持续发展核算体系（SSDA）》，社会科学文献出版社 2000 年版。

李景明、薛梅：《中国沼气产业发展的回顾与展望》，《可再生能源》2010 年第 3 期。

李君、庄国泰：《中国农业源主要污染物产生量与经济发展水平的环境库兹涅茨曲线特征分析》，《生态与农村环境学报》2011 年第 6 期。

李庆康、吴雷、刘海琴等：《我国集约化畜禽养殖场粪便处理利用现状及展望》，《农业环境保护》2000年第4期。

李太平、张锋、胡浩：《中国化肥面源污染EKC验证及其驱动因素》，《中国人口·资源与环境》2011年第11期。

李玉文、徐中民、王勇等：《环境库兹涅茨曲线研究进展》，《中国人口·资源与环境》2005年第5期。

李祖章、谢金防、蔡华东等：《农田土壤承载畜禽粪便能力研究》，《江西农业学报》2010年第8期。

梁春玲、谷胜利：《南四湖湿地生态系统能值分析与区域发展》，《水土保持研究》2012年第2期。

梁流涛：《农业发展与协调性评价及影响因素分析》，《中国环境科学》2012年第9期。

林聪、魏晓明、姜文藤：《沼气工程生态模式能值分析》，载《2008中国农村生物质能源国际研讨会暨东盟与中日韩生物质能源论坛论文集》，2008。

林妮娜、庞昌乐、陈理等：《利用能值方法评价沼气工程性能——山东淄博案例分析》，《可再生能源》2011年第3期。

刘传江、朱劲松：《三峡库区土地资源承载力现状与可持续发展对策》，《长江流域资源与环境》2008年第4期。

刘东、封志明、杨艳昭等：《中国粮食生产发展特征及土地资源承载力空间格局现状》，《农业工程学报》2011年第7期。

刘刚、沈镭：《中国生物质能源的定量评价及其地理分布》，《自然资源学报》2007年第1期。

刘佳骏、董锁成、李泽红：《中国水资源承载力综合评价研究》，《自然资源学报》2011年第2期。

刘建昌、陈伟琪、张珞平等：《构建流域农业非点源污染控制的环境经济手段研究——以福建省九龙江流域为例》，《中国生态农业学报》

2005 年第 3 期。

刘可群、陈正洪、夏智宏：《湖北省太阳能资源时空分布特征及区划研究》，《华中农业大学学报》2007 年第 6 期。

刘炜：《加拿大畜牧业清洁养殖特点及启示》，《中国牧业通讯》2008 年第 10 期。

刘晓利、许俊香、王方浩等：《我国畜禽粪便中氮素养分资源及其分布状况》，《河北农业大学学报》2005 年第 5 期。

刘勇、张宁珍、刘善军等：《沼肥在农业生态模式中转化应用研究》，《江西农业大学学报》1999 年第 2 期。

刘源远、孙玉涛、刘凤朝：《中国工业化条件下环境治理模式的实证研究》，《中国人口·资源与环境》2008 年第 4 期。

刘志杰、陈克龙、赵志强等：《基于能值分析的区域循环经济研究——以柴达木盆地为例》，《水土保持研究》2011 年第 1 期。

刘忠、增院强：《中国主要农区畜禽粪尿资源分布及其环境负荷》，《资源科学》2010 年第 5 期。

罗纳德·哈里·科斯：《企业、市场与法律》，上海三联书店1990 年版。

罗士俐：《外部性理论的困境及其出路》，《当代经济研究》2009 年第 10 期。

吕翠美、吴泽宁：《区域水资源生态经济系统可持续发展评价的能值分析方法》，《系统工程理论与实践》2010 年第 7 期。

吕文魁、王夏晖、李志涛等：《发达国家畜禽养殖业环境政策与我国治理成本分析》，《农业环境与发展》2011 年第 6 期。

马林、王方浩、马文奇等：《中国东北地区中长期畜禽粪尿资源与污染潜势估算》，《农业工程学报》2006 年第 8 期。

毛留喜、侯英雨、钱拴等：《牧草产量的遥感估算与载畜能力研究》，《农业工程学报》2008 年第 8 期。

孟祥海、张俊飚、李鹏：《中国畜牧业资源环境承载压力时空特征分析》，《农业现代化研究》2012 年第 5 期。

潘霞、陈励科、卜元卿等：《畜禽有机肥对典型蔬果地土壤剖面重金属
　　与抗生素分布的影响》，《生态与农村环境学报》2012 年第 5 期。

彭里：《畜禽粪便环境污染的产生及危害》，《家畜生态学报》2005 年第
　　4 期。

彭水军、包群：《经济增长与环境污染——环境库兹涅茨曲线假说的中
　　国检验》，《财经问题研究》2006 年第 8 期。

全国科学技术名词审定委员会网站，http：//www. cnctst. gov. cn/pages/
　　homepage/result. jsp#，2014。

沈根祥、汪雅谷、袁大伟：《上海市郊农田畜禽粪便负荷量及其警报与
　　分级》，《上海农业学报》1994 年增刊。

沈其荣：《土壤肥料学通论》，高等教育出版社 2001 年版。

沈晓昆、戴网成：《畜禽粪便污染警世录》，《农业装备技术》2011 年第
　　5 期。

施雅凤、曲耀光：《乌鲁木齐河流域水资源承载力及其合理利用》，科
　　学出版社 1992 年版。

史光华：《北京郊区集约化畜牧业发展的生态环境影响及其对策研究》，
　　博士学位论文，中国农业大学，2004 年。

宋大平、庄大方、陈巍：《安徽省畜禽粪便污染耕地、水体现状及其风
　　险评价》，《环境科学》2012 年第 1 期。

宋国君、金书秦、傅毅明：《基于外部性理论的中国环境管理体制设
　　计》，《中国人口·资源与环境》2008 年第 2 期。

孙鳌：《治理环境外部性的政策工具》，《云南社会科学》2009 年第
　　5 期。

孙凡、杨松、左首军等：《基于能值理论的自然生态系统经济价值研
　　究——以大巴山南坡雪宝山自然生态系统为例》，《西南师范大学学
　　报》（自然科学版）2009 年第 5 期。

孙铁珩、宋雪英:《中国农业环境问题与对策》,《农业现代化研究》
　　2008 年第 6 期。

孙亚男、刘继军、马宗虎:《规模化奶牛场温室气体排放量评估》,《农
　　业工程学报》2010 年第 6 期。

索东让、王平:《河西走廊有机肥增产效应研究》,《土壤通报》2002 年
　　第 5 期。

覃春富、张佩华、张继红等:《畜牧业温室气体排放机制及其减排研究
　　进展》,《中国畜牧兽医》2011 年第 11 期。

谭秋成:《中国农业温室气体排放:现状及挑战》,《中国人口·资源与
　　环境》2011 年第 10 期。

唐剑武、叶文虎:《环境承载力的本质及其定量化初步研究》,《中国环
　　境科学》1998 年第 3 期。

陶群山、胡浩、王其巨:《环境约束条件下农户对农业新技术采纳意愿
　　的影响因素分析》,《统计与决策》2013 年第 1 期。

陶涛:《国内外畜禽养殖业粪便管理及立法的比较》,《华中科技大学学
　　报》(城市科学版)1998 年第 2 期。

童玉芬:《北京市水资源人口承载力的动态模拟与分析》,《中国人口·
　　资源与环境》2010 年第 9 期。

汪开英、黄丹丹、应洪仓:《畜牧业温室气体排放与减排技术》,《中国
　　畜牧杂志》2010 年第 24 期。

王尔大:《美国畜牧业环境污染控制政策概述》,《世界环境》1998 年第
　　3 期。

王方浩、马文奇、窦争霞等:《中国畜禽粪便产生量估算及环境效应》,
　　《中国环境科学》2006 年第 5 期。

王会、王奇:《基于污染控制的畜禽养殖场适度规模的理论分析》,《长
　　江流域资源与环境》2011 年第 5 期。

王建源、薛德强、田晓萍、陈艳春:《山东省农业生态系统能值分析》,

《生态学杂志》2007年第5期。

王凯军、金冬霞、赵淑霞等:《畜禽养殖污染防治技术与政策》,化学
    工业出版社2004年版。

王凯荣:《农业现代化进程中的环境问题及其对策》,《农业现代化研
    究》1999年第5期。

王奇、陈海丹、王会:《基于土地氮磷承载力的区域畜禽养殖总量控制
    研究》,《中国农学通报》2011年第3期。

王效琴、梁东丽、王旭东:《运用生命周期评价方法评估奶牛养殖系统
    温室气体排放量》,《农业工程学报》2012年第13期。

王修川、王腾、袁新国:《运用循环经济理论治理畜禽粪便污染》,《环
    境与可持续发展》2008年第1期。

王玉新、吕萍、张艳荣:《生态畜牧业视角下农户经济行为的实证研
    究——基于甘肃省576个牧户的样本数据》,《干旱区资源与环境》
    2012年第1期。

吴兵兵、陈燕、李辉等:《宁夏各市生态经济系统能值对比研究》,《干
    旱区资源与环境》2010年第7期。

武淑霞:《我国农村畜禽养殖业氮磷排放变化特征及其对农业面源污染
    的影响》,博士学位论文,中国农业科学院,2005年。

谢宏佐、陈涛:《中国公众应对气候变化行动意愿影响因素分析——基
    于国内网民3489份的调查问卷》,《中国软科学》2012年第3期。

谢鸿宇、陈贤生、杨木壮等:《中国单位畜牧产品生态足迹分析》,《生
    态学报》2009年第6期。

徐桂华、杨定华:《外部性理论的演变与发展》,《社会科学》2004年第
    3期。

阎波杰、赵春江、潘瑜春等:《大兴区农用地畜禽粪便氮负荷估算及污
    染风险评价》,《环境科学》2010年第2期。

杨飞、杨世琦、诸云强等:《中国近30年畜禽养殖量及其耕地氮污染负

荷分析》，《农业工程学报》2013 年第 5 期。

杨凤林、陈金贤、杨晶玉：《经济增长理论及其发展》，《经济科学》
    1996 年第 1 期。

杨宏青、刘敏、冯光柳等：《湖北省风能资源评估》，《华中农业大学学
    报》2006 年第 6 期。

杨建州、高敏珲、张平海等：《农业农村节能减排技术选择影响因素的
    实证分析》，《中国农学通报》2009 年第 23 期。

杨松、孙凡、刘伯云等：《重庆市农业生态经济系统能值分析》，《西南
    大学学报》（自然科学版）2007 年第 8 期。

杨万平、袁晓玲：《环境库兹涅茨曲线假说在中国的经验研究》，《长江
    流域资源与环境》2009 年第 8 期。

杨泽霖、方炎：《国外畜禽养殖业的环境是怎样管理的》，《中国畜牧
    报》2002 年 4 月 7 日。

杨志武、钟甫宁：《农户种植业决策中的外部性研究》，《农业技术经
    济》2010 年第 1 期。

姚成胜、朱鹤健、刘耀彬：《能值理论研究中存在的几个问题探讨》，
    《生态环境》2008 年第 5 期。

姚成胜、朱鹤健：《基于能值理论的福建省农业系统动态研究》，《长江
    流域资源与环境》2008 年第 2 期。

叶文虎、梅凤桥、关伯仁：《环境承载力理论及其科学意义》，《环境科
    学研究》（增刊）1992 年第 5 期。

尹红：《美国与欧盟的农业环保计划》，《中国环保产业》2005 年第
    3 期。

袁婕、樊鸿涛、张炳等：《基于能值理论的工业生态系统分析——以龙
    盛科技工业园为例》，《环境保护科学》2008 年第 2 期。

张彩英：《日本畜产环境污染的现状及其对策》，《农业环境与发展》
    1992 年第 2 期。

张宏军：《外部性理论发展的基本脉络》，《生产力研究》2008 年第 13 期。

张华、陈晓东、常文越等：《畜禽养殖污水生态处理及资源化利用方式的探讨》，《环境保护科学》2007 年第 3 期。

张晖、胡浩：《农业面源污染的环境库兹涅茨曲线验证——基于江苏省时序数据的分析》，《中国农村经济》2009 年第 4 期。

张晖、虞祎、胡浩：《基于农户视角的畜牧业污染处理意愿研究——基于长三角生猪养殖户的调查》，《农村经济》2011 年第 10 期。

张利国：《农户从事环境友好型农业生产行为研究——基于江西省 278 份农户问卷调查的实证分析》，《农业技术经济》2011 年第 6 期。

张乃弟、沙茜、普劲松：《武汉市畜禽养殖污染状况调查及建议》，《环境科学与技术》2011 年第 6 期。

张树清、张夫道、刘秀梅等：《规模化养殖畜禽粪主要有害成分测定分析研究》，《植物营养与肥料学报》2005 年第 6 期。

张天宇：《青岛市环境承载力综合评价研究》，硕士学位论文，中国海洋大学，2008 年。

张婷：《农户绿色蔬菜生产行为影响因素分析——以四川省 512 户绿色蔬菜生产农户为例》，《统计与信息论坛》2012 年第 12 期。

张微微、李红、霍霄妮等：《基于能值分析的农业土地利用强度》，《农业工程学报》2009 年第 7 期。

张维理、武淑霞、冀宏杰等：《中国农业面源污染形势估计及控制对策 I：21 世纪初期中国农业面源污染的形势估计》，《中国农业科学》2004 年第 7 期。

张无敌、宗德彬、宋洪川：《沼气发酵系统在生态农业中的地位和作用》，《生态农业研究》1994 年第 1 期。

张五常：《合约结构与界外效应》，载《经济解释（三卷本）》，（台湾）花千树出版公司 2002 年版。

张小洪、邓仕槐、肖鸿等：《废物处理方式对工业系统可持续性影响的能值分析》，《资源科学》2010 年第 9 期。

张绪美、董元华、王辉等：《中国畜禽养殖结构及其粪便 N 污染负荷特征分析》，《环境科学》2007 年第 6 期。

张永成、李德发：《减少养猪业对环境污染的营养措施》，《饲料工业》1999 年第 12 期。

张岳：《沼气及其发酵物在生态农业中的综合利用》，《农业环境保护》1998 年第 2 期。

张志勇、王丽瑜：《西方现代经济增长理论及其新发展》，《东岳论丛》2009 年第 10 期。

赵细康、李建民、王金营等：《环境库兹涅茨曲线及在中国的检验》，《南开经济研究》2005 年第 3 期。

赵妍、郭新春、伦小文：《腰井子羊草草原自然保护区生物多样性现状及其能值估算》，《井冈山师范学院学报》2004 年第 6 期。

郑丽琳、朱启贵：《中国碳排放库兹涅茨曲线存在性研究》，《统计研究》2012 年第 5 期。

中国爱畜牧人网：《常用饲料成分及营养价值表》，http：//www. xumuren. cn/thread－234060－1－1. html，2010。

中国畜牧业年鉴编辑委员会：《中国畜牧业年鉴》，中国农业出版社 2011 年版。

中国环境年鉴编辑委员会：《中国环境年鉴》，中国环境年鉴出版社 2003 年版。

中国羊网：《豆科牧草的经济价值》，http：//www. chinasheep. com/kxyy Show. asp？cid＝6&sid＝179，2011。

钟茂初、张学刚：《环境库兹涅茨曲线理论及研究的批评综论》，《中国人口·资源与环境》2010 年第 2 期。

钟珍梅、黄勤楼、翁伯琦等：《以沼气为纽带的种养结合循环农业系统能值分析》，《农业工程学报》2012 年第 14 期。

周捷、陈理、吴树彪等：《猪粪管理系统温室气体排放研究》，载中国
农业生态环境保护协会、农业部环境保护科研监测所《十一五农业环
境研究回顾与展望——第四届全国农业环境科学学术研讨会论文集》，
2011 年。

周轶韬：《规模化养殖污染治理的思考》，《内蒙古农业大学学报》（社
会科学版）2009 年第 1 期。

朱宁、马骥、秦富：《主要蛋鸡养殖国家蛋鸡粪处理概况及其对我国的
启示》，《中国家禽》2011 年第 6 期。

朱玉林、李明杰、侯茂章等：《湖南农业生态系统能值结构功能效率分
析》，《中国农学通报》2012 年第 20 期。

朱玉林、李明杰、龙雨孜等：《基于能值分析的环洞庭湖区农业生态系
统结构功能和效率》，《生态学杂志》2012 年第 12 期。

朱玉林、李明杰：《湖南省农业生态系统能值演变与趋势》，《应用生态
学报》2012 年第 2 期。

朱兆良：《农田中氮肥的损失与对策》，《土壤与环境》2000 年第 1 期。

邹晓霞、李玉娥、高清竹等：《中国农业领域温室气体主要减排措施研
究分析》，《生态环境学报》2011 年第 8 期。

左大培：《经济学、经济增长理论与经济增长理论模型》，《社会科学管
理与评论》2005 年第 3 期。

二 英文文献

Adams P. L. , Daniel T. C. , Nichols D. J. , et al. , "Poultry Litter and
Manure Contributions to Nitrate Leaching through the Vadose Zone", *Soil
Science Society of America Journal*, 1994, 58 (4): 1206.

Arrow K. , Bolin, Costanza R. , et al. , "Economic Growth, Carrying
Capacity, and the Environment", *Science*, Vol. 268, No. 5210, 1995.

Basset - Mens C. , Van Der Werf H. M. G. , "Scenario - based Environmental Assessment of Farming Systems: The Case of Pig Production in France", *Agriculture, Ecosystems and Environment*, Vol. 105, No. 1 - 2, 2005.

Bastianoni S. , Pulselli F. M. , Castellini C. , Granai C. , Bosco A. D. , and Brunetti M. , "Emergy Evaluation and the Management of Systems Towards Sustainability: A Response to Sholto Maud", *Agriculture, Ecosystems and Environment*, Vol. 120, No. 2, 2007.

Berlin J. , "Environmental Life Cycle Assessment (LCA) of Swedish Semi - hard Cheese", *International Dairy Journal*, Vol. 12, No. 11, 2002.

Brown M. T. , and Ulgiati S. , "Energy Quality, Emergy, and Transformity: H. T. Odum's Contributions to Quantifying and Understanding Systems", *Ecological Modelling*, Vol. 178, No. 1 - 2, 2004.

Casey J. W. , and Holden N. M. , "The Relationship between Greenhouse Gas Emissions and the Intensity of Milk Production in Ireland", *Journal of Environmental Quality*, Vol. 34, No. 2, 2005.

Cederberg C. , and Stadig M. , "System Expansion and Allocation in Life Cycle Assessment of Milk and Beef Production", *The International Journal of Life Cycle Assessment*, Vol. 8, No. 6, 2003.

Cederberg C. , and Mattson B. , "Life Cycle Assessment of Milk Production: A Comparison of Conventional and Organic Farming", *Journal of Cleaner Production*, Vol. 8, No. 1, 2000.

Change C. , *Building a Low-carbon Economy: The UK's Contribution to Tackling Climate Change*, The First Report of the Committee on Climate Change, London, UK: The Stationary Office, 2008.

Choudhary M. , Balley L. D. , and Grant C. A. , "Review of the Use of Swine Manure in Cropproduction: Effects on Yield and Composition and on

Soil and Water Quality", *Waste Management & Research*, Vol. 14, No. 6, 1996.

Clapham J. H. , "On Empty Economic Boxes", *Economic Journal*, Vol. 32, No. 128, 1922.

Daniel T. C. , Sharpley A. N. , and Stewart S. J. , et al. , "Environmental Impact of Animal Manure Management in the Southern Plains", *American Society of Agricultural Engineers Meeting*, 1993.

Dinda S. , "Environmental Kuznets Curve Hypothesis: A Survey", *Ecological Economics*, Vol. 49, No. 4, 2004.

Druckman A. , Bradley P. , and Papathanasopoulou E. , et al. , "Measuring Progress Towards Carbon Reduction in the UK", *Ecological Economics*, Vol. 66, No. 4, 2008.

Elferink E. V. , Nonhebel S. , and Schoot U. A. J. M. , "Does the Amazon Suffer from BSE Prevention?", *Agriculture, Ecosystems and Environment*, Vol. 120, No. 2, 2007.

Evans P. O. , Westerman P. W. , and Overcash M. R. , "Subsurface Drainage Water Quality from Land Application of Seine Lagoon Effluent", *Transactions of the American Society of Agricultural and Biological Engineers*, Vol. 27, No. 2, 1984.

Gerbens – Leenes P. W. , and Nonhebel S. , "Consumption Patterns and Their Effects on Land Required for Food", *Ecological Economics*, Vol. 42, No. 1, 2002.

Gold M. , "The Global Benefits of Eating Less Meat", Petersfield, UK: Compassion in World Farming Trust, 2004.

Goodland R. , "Environmental Sustainability in Agriculture: Diet Matters", *Ecological Economics*, Vol. 23, No. 3, 1997.

Griffin R. C. , and Bromley D. W. , "Agricultural Runoff as a Nonpoint

Externality: A Theoretical Development ", *American Journal of Agricultural Economics*, Vol. 64, No. 4, 1982.

Grossman, Gene M. , and A. B. Krueger, "Environmental Impacts of a North American Free Trade Agreement ", *Social Science Electronic Publishing*, Vol. 8, No. 2, 1991.

Hall Beyer M. , Nepstad D. C. , and Stickler C. M. , et al. , "Globalization of the Amazon Soy and Beef Industries: Opportunities for Conservation ", *Conservation Biology*, Vol. 20, No. 6, 2010.

Hansen L. G. , "A Damage Based Tax Mechanism for Regulation of Non – Point Emissions ", *Environmental and Resource Economics*, Vol. 12, No. 1, 1998.

Hooda P. S. , Truesdale V. W. , and Edwards A. C. , et al. , "Manuring and Fertilization Effects on Phosphorus Accumulation in Soils and Potential Environmental Implications ", *Advances in Environmental Research*, Vol. 5, No. 1, 2001.

Huang Liming, "Financing Rural Renewable Energy: A Comparison between China and India ", *Renewable and Sustainable Energy Reviews*, Vol. 13, No. 5, 2009.

Jackson T. , "Attributing Carbon Emissions to Functional Household Needs: A Pilot Framework for the UK ", *Paper Presented at the Ecomod Conference*, Brussels, 2006.

Keyzer M. A. , Merbis M. D. , and Pavel I. F. P. W. , et al. , "Diet Shifts Towards Meat and the Effects on Cereal Use: Can We Feed the Animals in 2030?", *Ecological Economics*, Vol. 55, No. 2, 2005.

Lovett D. K. , Shalloo L. , and Dillon P. , et al. , "A Systems Approach to Quantify Greenhouse Gas Fluxes from Pastoral Dairy Production as Affected by Management Regime ", *Agricultural Systems*, Vol. 88, No. 2 –

3, 2006.

Lu H. F., Li L. J., Daniel E., Campbell, and Ren H., "Energy Algebra: Improving Matrix Methods for Calculating Transformities", *Ecological Modelling*, Vol. 221, No. 3, 2010.

Mallin M. A., and Cahoon L. B., "Industrialized Animal Reduction: A Major Source of Nutrient and Microbial Pollution to Aquatic Ecosystems", *Population and Environment*, Vol. 24, No. 5, 2003.

Mcalpine C. A., Etter A., and Fearnside P. M., et al., "Increasing World Consumption of Beef as a Driver of Regional and Global Change: A Call for Policy Action Based on Evidence from Queensland (Australia), Colombia and Brazil", *Global Environmental Change*, Vol. 19, No. 1, 2009.

Mcmichael A. J., Powles J. W., and Butler C. D., et al., "Food, Livestock Production, Energy, Climate Change, and Health", *The Lancet*, Vol. 370, No. 9594, 2007.

Nepstad D. C., Stickler C. M., and Almeida O. T., "Globalization of the Amazon Soy and Beef Industries: Opportunities for Conservation", *Conservation Biology*, Vol. 20, No. 6, 2010.

Odum H. T., "Self – organization, Transformity and Information", *Science*, Vol. 242, No. 4882, 1988.

Odum H. T., "Living with Complexity", in: *Crafoord Prize in the Biosciences, Crafoord Lectures, Royal Swedish Academy of Science*, Stockholm, 1987.

Oenema O., Van Liere E., and Plette S., et al., "Environmental Effects of Manure Policy Options in the Netherlands", *Water Science and Technology*, Vol. 49, No. 3, 2004.

Olesen J. E., Schelde K., and Weiske A., "Modelling Greenhouse Gas

Emissions from European Conventional and Organic Dairy Farms ",
Agriculture, Ecosystems and Environment, Vol. 112, No. 2, 2006.

Panayotou T. , *Empirical Tests and Policy Analysis of Environmental
Degradation at Different Stages of Economic Development*, Working Paper,
International Labor Office, Technology and Employment Programme,
1993.

Romer P. M. , "Increasing Returns and Long-Run Growth", *Journal of
Political Economy*, Vol. 94, No. 5, 1986.

Sainz R. D. , "Livestock-environment Initiative Fossil Fuels Component:
Framework for Calculating Fossil Fuel Use in Livestock Systems ",
http: //www. fao. org/ ag/ againfo/ programmes/ pt/ lead/ toolbox/ Fossils/
fossil. pdf, 2003.

Segerson K. , "Uncertainty and Incentives for Nonpoint Pollution Control",
Journal of Environmental Economics and Management, Vol. 15,
No. 1, 2006.

Shortle J. S. , and J. W. Dunn, "The Relative Efficiency of Agricultural
Source Water Polluiton Control Policies", *American Journal of Agricultural
Economics*, Vol. 648, No. 3, 1986.

Steinfeld H. , Gerber P. , and Wassenaar T. , et al. , "Livestock's Long
Shadow: Environmental Issues and Options ", *Livestocks Long Shadow
Environmental Issues & Options*, Vol. 16, No. 1, 2006.

Tamminga S. , "Polluiton Due to Nutrient Losses and its Control in European
Animal Production", *Livestock Production Science*, Vol. 84, No. 2, 2003.

Tara G. , "Livestock-related Greenhouse Gas Emissions: Impacts and
Options for Policy Makers", *Environmental Science & Policy*, Vol. 12,
No. 4, 2009.

Williams A. G. , Audsley E. , and Sandars D. L. , *Determining the*

Environmental Burdens and Resource Use in the Production of Agricultural and Horticultural Commodities, Bedford: Cranfield University and Defra, 2006.

Wirsenius S., "Efficiencies and Biomass Appropriation of Food Commodities on Global and Regional Levels", *Agricultural Systems*, Vol. 77, No. 3, 2003.

Wu J. J., Teague M. L., Mapp H. P., and Bernardo D. J., "An Empirical Analysis of the Relative Efficiency of Policy Instruments to Reduce Nitrate Water Pollution in the U. S. Southern High Plains", *Canadian Journal of Agricultural Economics*, Vol. 43, No. 3, 2010.

后　记

本书由本人博士论文进一步修改成稿。转眼间博士毕业已六年整，难忘师恩，感谢导师程国强教授、张俊飚教授在我论文写作期间给予的悉心指导。截至 2020 年 9 月初，本人博士论文《中国畜牧业环境污染防治问题研究》在中国知网数据库显示，已被引 154 次、下载 13643 次，很是欣慰。难忘母校，在华中农业大学农业经济管理专业走过了本科、硕士到博士的历程，十年青春与最美校园相伴，让我受益终身。

2014 年 6 月，博士毕业来到周总理故乡第一所本科高校淮阴师范学院，成为一名大学老师，拖家带口的我，终于有了安定的家，也开启了新的学术生涯。重新审视 2014 年这个年份，不仅是我工作生活的重要转折，也是我国畜禽养殖业绿色发展的关键节点。2014 年，《畜禽规模养殖污染防治条例》开始实施，这是国务院出台的第一部专门针对畜禽养殖污染防治的法规性文件；《环境污染保护法》修订，首次把从事畜禽养殖的单位和个人对畜禽粪便等废弃物处置的法律责任纳入到条款。2016 年，《畜禽养殖禁养区划定技术指南》发布，全国畜禽养殖禁养区持续扩大。在这一系列政策推动下，畜禽养殖业面临前所未有的环保压力。特别是 2018 年下半年以来，受非洲猪瘟疫情、环保禁养和猪周期等因素叠加影响，我国生猪供给出现严重短缺，保障猪肉有效供给成为突出的民生问题，更加凸显了推动畜禽养殖业绿色发展与转型升级的重要性，这其中有很多有趣的问题值得研究。

　　2016 年，沿着博士期间的研究兴趣，我承担了国家社科基金青年项目"绿色发展理念下的畜禽养殖业种养结合模式优化与支持政策创新研究"，目前该课题书稿也即将完成，回答了该书稿研究展望中部分问题，期待能早日将新书出版以飨读者。最后，感谢时代给我有价值的研究问题，感谢生活给我更好的心境，感谢贤惠的妻子让我一直安心求索，感谢可爱的女儿带给我无穷的快乐！

孟祥海

2020 年 9 月 5 日于淮阴师院